U0199042

# 上瘾

## 让用户养成使用习惯的四大产品逻辑

[美] 尼尔·埃亚尔　[美] 瑞安·胡佛◎著　钟莉婷　杨晓红◎译
（Nir Eyal）　　　（Ryan Hoover）

# HOOKED

## How to Build
## Habit-Forming Products

中信出版集团 · 北京

图书在版编目（CIP）数据

上瘾：让用户养成使用习惯的四大产品逻辑/（美）
尼尔·埃亚尔，（美）瑞安·胡佛著；钟莉婷，杨晓红译
. -- 北京：中信出版社，2017.5（2024.11 重印）
书名原文：Hooked: How to Build Habit-Forming
Products
ISBN 978-7-5086-6831-4

I. ①上… II. ①尼… ②瑞… ③钟… ④杨… III.
①产品设计 IV. ①TB472

中国版本图书馆CIP数据核字〔2016〕第 248198 号

上瘾——让用户养成使用习惯的四大产品逻辑

著　　者：〔美〕尼尔·埃亚尔　〔美〕瑞安·胡佛
译　　者：钟莉婷　杨晓红
出版发行：中信出版集团股份有限公司
　　　　　（北京市朝阳区东三环北路 27 号嘉铭中心　邮编　100020）
承 印 者：嘉业印刷（天津）有限公司

开　　本：880mm×1230mm　1/32　　　　印　　张：8　　　　字　　数：140 千字
版　　次：2017 年 5 月第 1 版　　　　　　印　　次：2024 年 11 月第 42 次印刷
京权图字：01-2014-6942
书　　号：ISBN 978-7-5086-6831-4
定　　价：49.00 元

献给朱莉

HOOKED

How to Build
Habit-Forming Products

# 目 录

如今,我们习以为常的那些科技产品和服务正在改变我们的一举一动,而这,正是产品设计者的初衷。也就是说,我们的行为已经在不知不觉中被设计了。

看看Facebook、Twitter这些如今最热门的科技公司,它们兜售的是什么?维生素还是止痛药?它们的服务在初期更像是锦上添花的维生素,可一旦它成为用户日常生活的一部分,那就会像止痛药一样抚平人们内心的"痒"。

# 与产品谈一场恋爱

这本书在美国是一本畅销书，因为它教你如何让自己的产品"勾住"用户。

为什么最近产品设计成了显学？

为什么几十年前，我们不像今天这样三句话不离产品经理（product manager）、用户体验（user experience）、增长黑客（growth hacking）和口碑传播（word-of-mouth）？

一百年前，产品销售比拼的是产能，所以发明流水线、提高生产率的福特成为时代明星；五十年前，产品销售比拼的是渠道和营销，所以铺货能力强、广告预算高的宝洁成为市场霸主；可是当今这个时代，产品销售比拼的是如何占领消费者的心智。产品本身就是最好的营销。

比如苹果。

苹果的产能不算疯狂，经常断货，还被称为饥饿营销。苹果的专卖店开得也不多，早几年还因此出现好多山寨苹果店。那是什么造就了这个市值第一的高科技公司呢？是唯美极致的产品本身。

为了最新的iPhone，果粉可以提前一晚在苹果店门口打地铺排队。可以多加数千元购买香港水货。这是一种类宗教的情感。就像苹果的"白雪"设计风格奠定者、青蛙设计的艾斯林格说的：形式追随情感（而不是追随功能）。

撩动了用户情感的产品，就占据了用户的心智。所有的外在阻碍，都不足挂齿了。

产能不够怎么办？用户可以等。铺货渠道不够多？网购就好了。

互联网的全面崛起是这一切发生的根源。

由于网络将渠道成本大大压缩，信息不对称性显著改观，推广成本也急剧降低，产品的存亡与否实际上取决于产品本身。

产品不只是满足功能，还要反映人性。好的产品是一件作品，好的技术几近于艺术。产品成为科技与人文交融的产物，所以好的产品一定建基于深刻的艺术品位与心理学原理。

伴随着互联网崛起产生的第二个变化，是个人的崛起。

消费者不再是面目模糊的抽象概念，也不是管理咨询中拨弄的名词，而是实实在在的鲜活个体。他们有喜好，有态度，有品位。他们觉得自己的使用感受比花里胡哨的广告词更重要。

　　所谓的消费升级，就是个人愿意付出更高的成本购买与自我价值相匹配的产品。购买即是一种身份的认同，购买也是一种意见表达。

　　而能够代表自我价值、身份认同、意见表达的东西，只能是产品本身。产能、渠道，消费者不感兴趣。他们感兴趣的，是产品好不好。好，就用得多、反复买，还推荐给朋友；不好，就用得少、不再买、告诉朋友别买。简单粗暴。

　　这就是为什么我们开始关注如何让产品本身吸引用户。这也是为什么本书会成为畅销书。因为它给出了一个清晰的路线图，告诉你如何打造一款持续走红的爆品。

　　事实上，市场上时不时地就冒出几款爆品。但爆品未必能持续走红。也许一两个月甚至一两周后就销声匿迹了。那些持续走红的产品，就成了现在和未来的巨头。

　　是什么让产品脱颖而出？脱颖而出的产品中，又是什么决定了它们持续走红或销声匿迹？

　　答案是：当产品进入了用户的"习惯区间"，产品就获得了持续的生命力。

　　那么如何让用户习惯于使用你的产品呢？

　　这本书给出了一个极其简明的上瘾模型（the Hook Model）：触发—行动—多变的酬赏—投入。

　　万事开头难。第一步就是引发用户去使用你的产品，这叫作"触发"。

触发之后，第二步就是行动。行动要兼具动机和能力，有了动机，还需要用户的能力足够完成行为。

行动之后，要给用户酬赏，还得是多变的酬赏。所谓多变的酬赏，就是指酬赏要有不可预期性。

最后，是让用户在产品上进行越来越多的"投入"。用户与产品亲密接触得越多，就越离不开它。

通过用户的"投入"，就可能产生下一次"触发"，从而开始一个正向循环。

于是你就上瘾了（hooked）。

英文中还有一个短语跟hook有关，hook up，指的是男女互相看对眼了，你也可以说是"勾搭上了"。

其实，让用户喜欢上你的产品，习惯于你的产品，跟男女恋爱"勾搭"是一样的道理。

细细分析的话，第一步"触发"，可以对应亲密关系中的"相识、吸引"。第二步"行动"，可以对应亲密关系中的"接触、了解"。第三步"多变的酬赏"，可以对应亲密关系中的"惊喜、甜蜜"。第四步"投入"，可以对应亲密关系中的"热恋、维护"。

喜欢上一款产品的过程，也就是跟产品谈恋爱的过程。

使用书中介绍的模型，可以帮助你构思如何获得触发，如何让人行动。一个一夜爆红的产品，往往都有着很好的触发，也有着易操作的行动，还有着丰富的社交酬赏。但是如果没有后续引发长时间"投入"的能力，爆品也会随着时间推移而丢掉你的注意力。

产品带给你快乐的过程，就是恋爱产生多巴胺的过程。一款产品只让你产生三分钟热度，一个月后热度就消失了，就跟一个异性因为颜值高让你产生迷恋，但一个月后就觉得他（她）索然无味一样。

套路可以让你产生兴趣，可以让你试用，甚至可能带来首次付费，但是如果没有产品力带来的持久吸引，那么从"触发"到"投入"再到"触发"的闭环便无法完成。所以，对于产品经理而言，最见功力的其实是让用户不断"投入"的设计。

我们可以举一个众所周知的例子来套用这个模型：4年内从寂寂无名发展为独角兽的滴滴出行。

滴滴打车的崛起，源于解决大家打车打不到的痛点。正如孤独、无聊这样的负面情绪可以触发你打开Facebook（脸谱网），打不到车就成了大家使用打车软件的触发。

滴滴通过地图自动定位你的位置，你再输入目的地，即可发出订单，而且周边有多少出租车都一目了然，接单的师傅开到哪里了也随时掌握，这样的操作保证了行动的易发生性。

利用腾讯的补贴，滴滴给司机和乘客都发放红包，到后期成为随机金额补贴，保证了多变酬赏的激励作用；把滴滴红包分享到朋友圈，还可以给其他人带来优惠，也让人收获了社交酬赏。

由于打车是高频行为，你可以通过不断打车累积滴滴的积分，还可以输入自己的固定出行路线简化打车流程，还可以输入自己的信息从乘客成为快车或顺风车司机，获得额外的收入，这都促发了用户不断地复用、不断地投入，让用户产生了路径依赖，想到出行第一件事就是打开滴滴。

亿级用户对产品的爱，成为独角兽估值的保证。

工业时代，用户与产品的关系，好像包办婚姻，买什么产品由厂家和渠道决定，由不得你爱不爱。互联网时代，用户与产品的关系，完全是自由恋爱，爱谁不爱谁，用户有极大的自主权。

想要黏住用户的注意力，让用户掏出钱包吗？

让用户和你的产品谈个恋爱吧。

易宝支付联合创始人　余晨

前 言

# 为什么有的产品会让人上瘾?

据统计，79%的智能手机用户会在早晨起床后的15分钟内翻看手机。[1]更离谱的是，有1/3的美国人声称，他们宁肯放弃性生活，也不愿丢下自己的手机。[2]

某大学在2011年进行的一项研究表明，人们每天平均要看34次手机。[3]然而，业内人士给出的相关数据却高得多，将近150次。[4]

不得不承认，我们已经上瘾了。

面对手边的科技产品，我们就算没有上瘾，也至少已经患上了强迫症。我们迫不及待地查看短信通知，访问YouTube（美国一家视频网站）、Facebook或Twitter（推特），原本只打算看上几分钟，一个小时后却发现自己依然用手指在手机屏幕上滑动翻页。这种欲望有可能伴随了我们一整天，只不过很少被觉察到罢了。

根据认知心理学家的界定，所谓习惯，就是一种"在情境暗示下产生的无意识行为"，是我们几乎不假思索就做出的举动。[5]
如今，我们习以为常的那些产品和服务正在改变我们的一举一动，
而这，正是产品设计者的初衷。[6]也就是说，我们的行为已经在不
知不觉中被设计了。

凭借电子屏幕上区区几个编码字符就能影响用户的习惯、控
制用户的思维，这些公司是如何做到的？是什么因素让人们对这
些产品欲罢不能？

让用户养成习惯、产生依赖性，其实是很多产品不可或缺的
一个要素。由于能够吸引人们注意力的东西层出不穷，企业会使
出浑身解数来争取用户心中的一席之地。如今，越来越多的企业
已经清醒地认识到，仅凭占有庞大的客户群并不足以构成竞争优
势。用户对产品的依赖性强弱才是决定其经济价值的关键。若想
使用户成为其产品的忠实拥趸，企业就不仅要了解用户为什么选
择它，还应该知道人们为什么对它爱不释手。

面对这一事实，有些公司才刚刚醒悟，而另一些公司则早已做
出了回应。它们深谙设计之道，知道如何让自己的产品成为人们生活
中不可或缺的一个部分。这些公司，正是本书要重点推介的对象。

## 捷足先登才能制胜

推出的产品能够对用户的行为习惯产生深刻影响，这让一些
公司在竞争中独占鳌头。它们在产品中"安装"了"内部触发"，因

此大批用户会在没有外部诱因的情况下就心甘情愿投入它的怀抱。

培养用户习惯的公司并不依赖于费用高昂的营销策划，而是将产品设计与用户的行为习惯和情感状态紧密相连。[7] 如果你心烦意乱时第一时间就想到Twitter，那说明习惯已经起了作用。一阵强烈的孤独感袭来，你还没来得及做出理性思考，就已经开始在Facebook上寻找情感慰藉。一道难题摆在眼前，你还没顾得上开动自己的大脑，就已经开始在Google（谷歌）上搜索答案。每每占据上风的，总是那些最先出现在你脑海中的选项。在本书的第一章，我就将为你揭秘这些习惯养成类产品，看看它们的优势究竟深藏在何处。

为什么产品能影响人们的习惯？答案很简单，是产品造就了习惯。虽说电视剧《广告狂人》（*Mad Man*）的忠实粉丝们还清晰地记得在麦迪逊大道①的黄金年代，广告业曾经多么深刻地激发过消费者的购买欲望，但是那样的日子早已一去不复返。在进入多屏幕观赏时代的今天，对广告心怀戒备的消费者已经把广告狂人们斥巨资打造的洗脑式宣传抛在一边，除非是超级大牌，否则他们不可能轻易因为三言两语的广告词动心。

如今，初创团队通过为用户带来一系列我称为"钓钩"的体验，极大地改变了用户的行为习惯。用户被钩住的次数越多，对产品形成使用习惯的可能性就越大。

---

① 麦迪逊大道是纽约曼哈顿区的一条著名大街，许多广告公司总部集中于此，成为美国广告业代名词。——编者注

## 我是如何上钩的

2008 年，我与斯坦福大学的几位MBA联手创办了一家公司，给我们提供资金的是硅谷最有智慧的一群投资人。我们的目标是搭建一个广告植入平台，将广告渗透在日益蓬勃发展的在线社交游戏中。

凭借在线游戏中的虚拟农场交易，很多公司已经赚得盆满钵满，然而广告商们还在投入大把钞票试图影响人们在真实世界中的购买倾向。坦白说，我一开始并没有看清当时的形势，百思不得其解："他们是如何做到的？"

在研究了虚拟游戏和广告这两种都依赖思维操控的产业之后，我开始潜心钻研产品是如何改变人们的行为，甚至导致一些人患上强迫症的。我很想知道，这些公司是怎样设计了用户的行为？这些有可能让人上瘾的产品背后潜伏着怎样的道德问题？更重要的是，这种让人们对某种体验难以割舍的神秘力量，是否也能被用于提升人们生活质量的产品的开发？

该去哪里寻找答案？很遗憾，当时我找不到任何可供借鉴的资料。那些深谙此道的商家对其秘诀守口如瓶，而且，在我查阅的相关书籍、官方报告和博客文章中，也没有出现任何关于习惯养成类产品的参考资料。

于是，我开始对上千家公司进行观察评测，希望找出它们在体验设计和功能上的特质。尽管每家公司风格各异，我还是试图发现赢家背后的共性，看看输家究竟少了些什么。

在此期间，我也尝试从学术角度切入，学习消费者心理学、人机互动和行为经济学。2011年，我开始分享自己的研究成果，并为硅谷的许多公司担当顾问，其中既有初创公司，也有世界500强。每服务一家公司，我就能得到一次机会来验证我的理论、更新我的观点，并完善我的想法。我把这些心得发布在了NirAndFar.com网站上，之后这些文章又被其他网站大量转载。很快，我就收到了大批读者来信，从他们那里收获了更多的见解与想法。

2012年秋天，我与巴巴·希夫博士联手为斯坦福大学商学院的研究生们开设了一门课程，内容就是"影响人类行为的科学研究"。次年，我又与斯蒂夫·阿比夫博士合作，为哈素·普拉特纳设计学院的学生讲授了同一门课程。

多年的研究心血和实战经验最终帮助我创建了这套"上瘾模型"——一个供各大公司开发习惯养成类产品的四阶段模型。通过这个让用户对产品欲罢不能的连续循环模型，公司无须花费巨额广告费用，也不必发动强大的信息攻势，就能使用户在不知不觉中依赖上你的产品，成为这一产品忠实的回头客。

鉴于我本人出身技术领域，因此引用的事例大多来自技术型公司。但是在现实生活中，吸引用户上瘾的钓钩无处不在，它们隐匿在应用程序、体育运动、电影、游戏，甚至我们的工作中。在任何一个渗透进我们的思想（经常还渗透进我们的钱包）的体验里，我们都能看到钓钩的存在。本书就是以上瘾模型的四个阶段为框架展开的。

**上瘾模式**

## 1. 触发

　　触发就是指促使你做出某种举动的诱因——就像是发动机里的火花塞。触发分外部触发和内部触发。[8] 让你产生习惯性依赖的那些产品往往是外部触发最先发挥作用，例如电子邮件、网站链接，或是手机上的应用程序图标。

　　举个例子，假设住在宾夕法尼亚州的一位名叫芭芭拉的年轻女子，碰巧在 Facebook 上看到了由该州农村的一位农民拍摄的照片。照片里的景色不错，而她又正计划着和哥哥约翰尼一同短途旅行，在外部触发的召唤下，芭芭拉点击了图片。由此，她进入了上瘾模型的循环，开始和内部触发——她当下的行为和情感状态——发生联系。

　　当人们不由自主地做出下一个举动时，新的习惯就会成为他们日常生活的一部分。一段时间之后，芭芭拉会逐渐将Facebook看成她进行社交生活的一种方式。本书的第二章就将为你详细介绍外部触发和内部触发，为你揭示产品设计者是如何判定哪种触发是最有效的。

## 2. 行动

触发之后就是行动，意即在对某种回报心怀期待的情况下做出的举动。芭芭拉轻点鼠标打开了这张有趣的图片，结果被链接到了一个叫作Pinterest的图片共享网站。[9]

上瘾模型的这个阶段，我们将在第三章里详细介绍，它吸收了艺术性和实用性相结合的设计原则，意在呈现产品是如何驱动特定的用户行为的。为了提高人们某种行为的发生频率，产品设计者充分利用了人类行为的两个基本动因：一是该行为简便易行，二是行为主体有这个主观意愿。[10]

一旦芭芭拉完成了点击图片这个简单的动作，那接下来看到的内容会让她眼花缭乱。

## 3. 多变的酬赏

上瘾模型与普通反馈回路之间的区别在于，它可以激发人们对某个事物的强烈渴望。我们身边的反馈回路并不少见，但是可以预见到结果的反馈回路无助于催生人们的内心渴望。你打开冰箱门，里面的工作灯就会亮起，这个结果在你预料之中，所以你不会没完没了地重复开门这个动作。假如给这个结果添加一些变量，比如说，每次打开冰箱门，你眼前都会像变戏法一样冒出一些小玩意，那就说明，老兄，你的渴望被点燃了。

给产品"安装"多变的酬赏，是公司用来吸引用户的一个决胜法宝，在第四章我将对此问题进行详尽的描述。科学研究表明，人们在期待奖励时，大脑中多巴胺的分泌量会急剧上升。[11] 奖励的变数越大，大脑分泌的这一神经介质就越丰富，人会因此进入一种专注状态，大脑中负责理性与判断力的部分被抑制，而负责需要与欲望的部分被激活。[12] 老虎机和彩票就是最典型的例子。当然，留意一下那些习惯养成类产品，你会发现多变的酬赏无处不在。

芭芭拉进入Pinterest网站后，不仅看到了她想要看的图片，还享受了一场视觉盛宴。那里既有她心之所系的东西——宾夕法尼亚乡间的景色，还有让她挪不开视线的其他内容。网站上或撩人或平实，或秀丽或柔和的乡间图景，杂以其他风光，齐刷刷地呈现在芭芭拉眼前时，她的大脑兴奋度会因为意外的酬赏而不断上升。她在Pinterest上逗留的时间会越来越长，期待发现更多的惊喜。不知不觉间，她已经滑屏了45分钟。

在第四章，我还将为你揭秘为什么人们最终会对某种体验心生厌倦，以及这种厌倦如何因多变的酬赏而转变为持续不灭的热情。

### 4. 投入

这是上瘾模型的最后一个阶段，也是需要用户有所投入的一个阶段。这个阶段有助于提高用户以后再次进入上瘾循环的概率。

当用户为某个产品提供他们的个人数据和社会资本，付出他们的时间、精力和金钱时，投入即已发生。

话说回来，投入并不意味着让用户舍得花钱，而是指用户的行为能提升后续服务质量。添加关注，列入收藏，壮大虚拟资产，了解新的产品功能，凡此种种，都是用户为提升产品体验而付出的投入。这些投入会对上瘾模型的前三个阶段产生影响，触发会更易形成，行动会更易发生，而酬赏也会更加诱人。在本书第五章中，你将了解到投入是如何让用户一步一步被钓钩牢牢钩住的。

芭芭拉乐此不疲地在Pinterest上浏览丰富资源的同时，会把那些赏心悦目的内容收藏起来。她关注的网站数据因而会被记录下来。很快，这些网站就会成为她浏览、关注和跟踪的对象，她会为此投入，这份投入反过来又会强化她与网站之间的联系，促使她在下一次打开电子设备时优先登录这些网站。

## 超强新动力

习惯养成技术已然存在，并且正在被用来塑造人们的生活。如今，人们可以借助智能手机、平板电脑、电视机、游戏机和可穿戴装置等各式各样的设备来接入互联网，这为企业操控人们的行为提供了更多的可能性。

企业快速采集和整理用户信息能力的提高，以及与用户之间联结性的不断增强，使我们即将步入一个一切皆有可能塑造人们习惯的新时代。就像硅谷著名投资家保罗·格雷厄姆所写的，"除非造就这些产品的技术进步的形式受制于法律，而不是技术进步本身，否则在未来40年里，人们对产品的依赖程度将远远超越过去"。[13] 本书的第六章将就这一技术发展趋势及其背后所蕴含的道德问题展开深入探讨。

前不久，我的一位读者在发给我的电子邮件中写道，"如果一个东西不能被用来干坏事，那它就算不上超级武器"。他的观点是对的。从这个层面来看，习惯养成类产品确实是超级武器，因为任何滥用或误用都有可能迅速让人们堕入愚妄的痴迷。

猜出前文例子中芭芭拉和她的哥哥约翰尼是谁了吗？僵尸电影的影迷们可能已经猜出来了。他们就是《活死人之夜》（*Night of the Living Dead*）这部经典恐怖片里的人物。在片中，人们受诡异力量的裹挟，做出了一系列匪夷所思的事情。[14]

想必大家都注意到了，在过去几年里，僵尸题材的作品卷土重来。像游戏《生化危机》，电视剧《行尸走肉》，以及电影《末日之战》等，都证明了"僵尸"在大众眼中与日俱增的魅力。为什么僵尸突然就令人着迷了呢？也许是因为技术进步势不可当，辐射范围和影响力都前所未有，以至于我们一想到要受制于人就会产生一种莫名的恐惧感。

尽管恐惧感挥之不去，我们还是和所有僵尸电影中的英雄主人公一样，历经险境，最终逃出生天。在我看来，习惯养成类产品，其利远远大于其弊。知名学者塞勒、桑斯坦、鲍尔茨都曾提到，"选择架构"通过提供技术影响人们的决策和行为。但是归根结底，影响人们决策和行为的这个过程应该"推动人们做出更优选择"。<sup>15</sup>鉴于此，本书与有志于创新的人士分享，如何打造一款之前想做，而又因实际限制无法生产出来的产品。

本书致力于为读者揭秘创新人士和企业家借以影响无数人生活的新动力。我认为，集网络连接、海量数据和超快网速这三者于一身的技术，会为人们培养健康的行为习惯提供前所未有的机遇。如能合理利用技术，培养能改善彼此关系、使我们更具智慧、提高生产力的健康行为习惯，我们的生活质量会越来越好。

"上瘾模型"诠释了很多畅销产品所蕴含的设计理念，揭示了这些我们每天都在使用的产品和服务让人欲罢不能的秘诀。有关产品设计的学术文献不计其数，本书难免挂一漏万，但是本书的主要目标是为期望利用习惯养成类产品来革新的创新者和企业家，提供一个实践工具，而非理论范本。我在书中列举了相关程度最高的研究成果，提出了可行性建议，并且设计了一套实际可操作的框架，希望能帮助创新人士获得成功。

钩钩将用户面临的问题与企业的应对策略衔接在一起，二者频繁互动，最终形成稳定的用户使用习惯。本书的目的，就是帮助读者深入了解这些习惯养成类产品是如何改变我们的行为，甚至改变我们的思想的。

## 阅读指南

　　本书每一章结尾处都有一些小贴士，它们可以帮助你复习该章节的重点。把这些重点记下来，或是分享到社交网站上，这可以有效地帮助你反思、整理和巩固所看到的内容。

　　如果你想要亲自动手打造习惯养成类产品，就请认真读一读每章末尾的"现在就开始做"这一部分，它将指引你完成接下来的工作。

## ｜ 牢记并分享 ｜

○　习惯是指我们下意识做出的举动。

○　集网络连接、海量数据、超快网速三者于一身的技术正在使这
个世界上瘾成性。

○　生产习惯养成类产品可以让商家稳占竞争优势。

○　上瘾模型将用户面临的问题与企业提供的应对策略衔接在一起，
二者频繁互动，促成用户养成习惯。

○　上瘾模型包括四个阶段：触发，行动，多变的酬赏，投入。

## 第一章

# HOOKED

#### How to Build
#### Habit-Forming Products

# 习惯的力量：

## 如何让你的产品从维生素变成止痛药

跑步的时候，我常常会走神儿。我的心思会游离到别处，不再去想当下正在干什么。这种体验让我觉得神清气爽，活力焕发，每周我会晨跑三次。前不久，因为要等一位国外客户的电话，我临时取消了一次晨跑。"没什么大不了的，"我心想，"晚上再跑。"然而，就是这个简单的时间调整让我在那天晚上干出了好几件荒唐事。

　　我在黄昏时分开始跑步，在经过一位外出倒垃圾的女士时，我看到她冲我笑着打招呼，于是礼貌地回应了一句"早上好"，随即我意识到了这个口误，马上纠正道，"抱歉，我想说'晚上好'来着"。这位女士皱了皱眉头，脸上挤出一丝不自然的笑意。

　　尴尬之余，我发现自己已全然忘记了当时的时间。我暗自提醒自个儿别再犯糊涂，但是没过几分钟，在经过另一位跑步者时，我就像是中了邪一般，又冒出一句"早上好"。这究竟是怎么了？

跑完步，回到家中冲澡，我如往常一样又开始神游。大脑中的自动控制开关已然开启，我开始在无意识中按部就班地完成每日的固定事项。

直到剃须刀的刀锋划过脸颊，我才意识到自己已经抹好剃须膏准备刮胡子了。虽然这是我每天必做的功课，但无论如何也不该在大晚上刮胡子。可是，当时我的确这样做了，而且全然未觉。

将晨跑改为黄昏跑，可我的身体却依然跟随晨跑时的行为模式去做出反应，一切都发生在不经意间，这就是所谓的根深蒂固的习惯，是人在几乎无意识的状态中做出的举动。据统计，人类将近一半的日常活动都受制于习惯。[1]

习惯是大脑借以掌握复杂举动的途径之一。神经系统科学家指出，人脑中存在一个负责无意识行为的基底神经节，那些无意中产生的条件反射会以习惯的形式存储在基底神经节中，从而使人们腾出精力来关注其他的事物。[2]

当大脑试图走捷径而不再主动思考接下来该做些什么时，习惯就养成了。[3] 为解决当下面临的问题，大脑会在极短的时间内从行为存储库里提取出相宜的对策。

以咬指甲这个习惯为例。一般说来，这是人们的下意识举动。一开始，可能是出于某种原因才咬指甲，比方说是为了咬掉不美观的肉刺。然而，如果无缘无故也会这样做，那就说明习惯已经形成。对于那些爱咬指甲的人而言，压力产生的不良情绪往往会触发这种无意识行为。咬指甲时体验到的片刻宽慰会使他们认为这二者之间存在相关性，他们越是肯定这种相关性，就越是难以戒掉这种条件反射。

同样地，我们在生活中做很多选择时，都会倾向于那些曾经被证明行之有效的做法。我们的大脑会自动推导出一个结论，如果这个办法在过去有效，那今天就依然是保险的选择，固定的行为模式就这样形成了。

跑步时，我的大脑预设的行为模式是见人打招呼要说"早上好"，所以我才会在不同的时间段不合时宜地冒出这几个字。

## 企业如何从习惯中受益

既然设定好的行为模式会对我们的一举一动产生如此巨大的影响，那企业也必然能借助习惯的力量发掘出有价值的商机。事实上，精于此道的企业一直将培养用户习惯作为其开发产品的一个基本原则。

习惯养成类产品能够改变用户的行为，使他们无须外部诱因就开始从事某种活动。其目的就是让用户一而再，再而三地自觉亲近这个产品，而不需要广告和促销这种外显的行动召唤。对产品的依赖性一旦形成，用户就会在诸如排队这一类惯常事务中使用这个产品打发时间。

当然，本书所构建的理论框架和实践指导并不是包治百病的灵丹妙药，不一定适用于所有类型的企业。经营者们应该首先评估各自具体的生产模式和经营目标，看看是否与用户习惯之间存在密切的联系。虽然说有些产品是完全凭借对用户习惯的影响力来拓展市场，但毕竟还存在一些例外。

如果企业生产的产品不需要用户频繁购买和使用，或者说，不是用户必需的日常服务，那就另当别论。以人寿保险业为例，它依靠销售人员、广告宣传以及口碑和熟人介绍等方式来向顾客推销其保险业务。一旦顾客选择了某一险种，那他就无须再为后续工作劳神费力。

本书中所提到的产品，主要出自那些要求用户能主动参与其中，并因此需要借助用户习惯来推广产品的行业。涉及强制消费的行业不在本书的讨论范围内。

在对习惯的成因条分缕析之前，我们先得明确习惯的重要性，以及习惯能给企业带来哪些竞争优势。一般说来，用户对产品的依赖会给企业带来以下几个方面的好处。

## 提升"用户终身价值"

工商管理学中有这样一个概念：公司价值等于它日后获得的利益总额。其参照标准取决于投资人如何计算该公司股票的合理价格。

在考核公司CEO和管理团队的业绩时，主要依据的是他们拉升公司股价的能力，因此CEO和管理者们最关心的莫过于自己公司产生的净现金流的大小。在股东们看来，管理层的任务就是实施战略计划，通过提高利润或降低成本来增加公司的未来收益。

让用户对产品形成依赖是提升公司价值的一个有效途径，因为这可以提升"用户终身价值"（customer lifetime value）。所谓用户终身价值，是指一个用户在其有生之年忠实使用某个产品的过程中为其付出的投资总额。当用户对某个产品产生依赖时，使用时间会延长，使用频率也会增加，最终的用户终身价值因而也会更高。

有些产品的用户终身价值相当高。比如说信用卡持卡人一般会成为长期的忠实用户，为信用卡发放机构带来丰厚的回报。因此，这些机构会去花大价钱争取新的用户。这就是为什么你会收到名目繁多的促销优惠信息，包括免费赠品或者航空里程奖励，来诱使你再办新卡或是给旧卡升级。你身上所隐含的用户终身价值正是信用卡机构进行市场营销的原动力。

### 提高价格的灵活性

知名投资人、伯克希尔·哈撒韦公司CEO沃伦·巴菲特曾经说过，"要衡量一个企业是否强大，就要看看它在提价问题上经历过多少痛苦"。[4]巴菲特和他的搭档查理·芒格发现，用户对某个产品形成使用习惯后，他们对该产品的依赖性就会增强，对价格的敏感度则会降低。他们二人坦言，正是由于掌握了这一消费者心理，他们才会投资后来闻名于世的See's Candies和可口可乐等公司。5巴菲特和芒格很清楚，习惯让企业在提价问题上掌握了更多的主动性。

比如说，免费视频游戏行业的行规是，游戏开发商延迟向玩家收取费用，直到玩家玩上瘾。一旦玩家开始对玩游戏迫不及待，并且渴望在游戏中达到更高的级别，那么掏腰包就会变得顺理成章。真正的收益其实来自虚拟道具、生命值、超能力等虚拟游戏用品的销售。

自2013年12月以来，已有5亿多人下载了"糖果粉碎游戏"（Candy Crush Saga）。这款主要出现在移动设备上的"免费"游戏已经让部分用户变成了付费玩家，平均每天给游戏开发商带来的净利润高达100万美元。6

这种情况同样也出现在其他服务领域。例如，Evernote是一款用于记录和存档的软件。用户可以免费使用这款软件，但是诸如离线浏览和协作工具等升级功能却要收取费用，即便如此，很多忠实用户还是心甘情愿为此埋单。

Evernote的CEO菲尔·利宾就此问题与大家分享了一些经验。7 2011年，利宾在网络上发布了一张我们现在所熟知的"微笑曲线图"，纵轴代表注册用户的比例，横轴代表用户使用这项服务的时间。曲线图显示，尽管在初期用户使用量呈下滑趋势，可一旦对产品形成了依赖性，使用量就会出现大幅度的攀升。这种变化所形成的曲线波动恰好呈现出一个标志性的笑脸形状。

此外，与日俱增的使用量也会促使用户更乐意为产品埋单。利宾指出，在免费使用产品的头一个月过去后，仅有 0.5% 的用户转变为付费用户。然而，这个比例会渐渐上升。到了第 33 个月，已经有 11% 的用户开始付费。在第 42 个月，这个比例显著增长到了 26%。[8]

## 加快增长速度

从产品中不断发现惊喜的那些用户往往乐于和朋友分享这份感受。他们越是频繁地使用产品，就越有可能邀请朋友们与之共享。产品的忠实粉丝最终会成为品牌的推广者，他们会为你的公司做免费的宣传，让你在不费一兵一卒的情况下就收拢新客户。

能让用户积极参与的产品还具备另外一个优势，那就是在竞争中以更快的发展速度超越对手。例如Facebook，尽管没有在社交网络领域占领先机，但它还是后来居上，盖过了竞争对手MySpace（聚友网）和Friendster。在马克·扎克伯格放弃学业，将刚出炉的Facebook推向市场时，MySpace和Friendster均发展态势良好，都拥有数千万用户，但尽管如此，社交网络领域的主导地位最终还是被Facebook所抢占。

Facebook的成功在一定程度上可以归因于我称为"良性循环"的法则：使用频率越高，病毒式增长速度就越快。正如从科技企业经营者转型为风险资本家的戴维·斯科克所指出的，"提高增长速度最关键的因素就是'病毒循环周期'"。[9] 这个周期指的是老用户邀请新用户花费的时长，其影响力不可小觑。"举例来说，20天内，若以两天为一循环周期，用户量可能会达到20470，"斯科克写道，"但是如果将这个周期减半，变成一天一循环，那用户数量将超过2000万！从逻辑上来讲，周期越短，结果就越理想，只是理想的程度还未受到足够关注。"

吸引大批用户每天到访，这将极大地缩短产品的"病毒循环周期"，原因有二：第一，老用户会越来越频繁地使用该产品（比如在Facebook上添加好友关注）；第二，老用户越多，吸引新用户做出反馈的可能性就越大。这个循环不仅能提高用户的参与量，使这个往复过程永不中断，还能加快产品的推广进程。

## 提高竞争力

用户对产品的依赖是一种竞争优势。一旦某个产品能够让用户改变自己的生活习惯，那其他产品就几乎不具任何威胁。

很多企业经营者都错误地认为，新产品只要比原有产品略胜一筹，就足以让用户一见倾心。但是，一旦涉及撼动用户的老习惯这个问题，天真的企业家们就会发现，好产品并不一定总能占据上风，尤其是当众多用户已经选择了其他具有竞争力的产品时。

约翰·古维尔是哈佛大学商学院市场营销学教授，他在一篇经典的论文中明确指出："许多创新都以失败告终，因为用户总是过分地倚重原有产品，而商家却总是高估新产品。"[10]

古维尔认为，新产品要想在市场上站稳脚跟，略胜一筹是远远不够的，必须要有绝对优势。缘何如此？因为原有产品的影响已经深入骨髓，要想撼动用户的使用习惯，新的产品或服务就一定要有摧枯拉朽的能量。古维尔指出，即便某个新产品优势显著，但如果与用户业已形成的习惯冲突太过激烈，那就注定无法成功。

就拿我在写作本书时所使用的QWERTY键盘来说，它在很多方面都比不上其他新产品。这款键盘于19世纪70年代问世，最初被用在如今已成为古董的老式打字机上。常用字符在这款键盘上被分隔得很开，这样可以防止打字机上的连动杆在人们打字时卡住。[11]当然，这种操作上的阻碍在数码时代早已不存在，但是无论其他新型键盘的字符布局是多么精巧，QWERTY都依然是通用的标准键盘。

例如奥古斯特·德沃夏克教授设计的键盘，元音字母被放在中间一排，用于提高打字速度和准确率。虽然这款"德沃夏克简约型键盘"在1932年就申请到了专利，但如今市场上早已看不到它的踪影。

QWERTY键盘之所以经久不衰，完全是因为改变用户习惯所需付出的代价实在是太大了。我们最初使用这款键盘时，无不是像小鸡啄米一般地挨个敲打按键，往往只用一根或两根手指。经过几个月的练习，我们学会了同时调动十根手指，让它们跟随主人的思路，文字会在不知不觉间由思绪流淌至屏幕。转而使用一款完全陌生的键盘，哪怕它能提高工作效率，也意味着我们将不得不重新学习打字。做出这种改变的可能性几乎没有！

在第五章中我们还将看到，用户也会因为"存储价值"而对产品产生更强的依赖性，从而进一步降低"另觅新欢"的可能性。比如说，使用Gmail发送和接收邮件，邮件可以永久保留，用户既往的所有邮件内容都能被长期存储。Twitter用户的影响力会随着粉丝数量的上升而增强，使他们在圈子里传播信息时发挥更大的能量。用户在Instagram上所记录下的生活片段还可以添加在他们的数字剪贴板上。人们的生活与这些产品和服务息息相关，更换邮件服务、社交网络或是图片分享应用软件会给他们造成太多麻烦。这些服务所蕴含的内在价值是不可转换的，所以用户不会轻易放弃它们。

总而言之，用户的忠实依赖会促使企业给产品做进一步投资。更高的用户终身价值，更大的价格灵活性，更快速的增长，以及更显著的竞争优势，凡此种种，将共同为企业创造更可观的经济收益。

## 垄断思维

能够让用户对产品形成依赖性，对企业而言是求之不得的事情。然而，对于试图打破现状的新公司来说，这种依赖性只会降低它们成功创新的可能性。事实上，能够改变用户由来已久的习惯的案例少之又少。

要想改变用户的习惯，仅凭说服对方尝试新事物，比如让他们生平头一遭打开网页，是远远不够的，你还得引导他们在今后很长一段时间内——最好是他们的余生——重复这个行为。

一些公司之所以能成功地打造习惯养成类产品，是因为它们进行了颠覆性的大胆创新。但是，和其他实践活动一样，这种创新设计也要遵照一定的规律和原则，来界定、解释为什么一些产品在改变后存活了下来，而另一些产品没有。

首先需要明确的是，我们的大脑往往会沿用既有的思维模式，因此新的行为方式总是难以持久。实验表明，实验室里的动物在习惯某种新的行为方式之后，会随着时间的推移发生行为回转，重拾过去的老一套。[12] 就像会计学里的一个术语"后进先出"所描述的，最新收获的东西往往最先失去。

这就解释了为什么人们很难彻底戒掉某种习惯。在接受过戒酒治疗的嗜酒者中，约有 2/3 的人会在一年之内重拾旧习。[13] 另有研究显示，通过节食减肥的人几乎无一例外地在两年之内再度发胖。[14]

培养新习惯的过程中，最大的阻碍就是旧习惯，研究表明，这些旧习惯根深蒂固。即便我们调整了自己的行为，大脑中的神经通路还是停留在以前的状态，随时都可能被再次激活。[15] 对于那些想要推出新产品的设计者或企业来说，这无疑是一个超难对付的拦路虎。

要想让新习惯在用户的生活中生根发芽，就必须增加它的出现频率。在伦敦大学学院开展的一项近期研究中，研究人员观察了被试者培养牙线使用习惯的整个过程。[16] 结果显示，新习惯出现的频率越高，稳定性就越强。与使用牙线一样，如果用户频繁地接触某个产品，尤其是在较短的时间内，那么他形成新的行为习惯的可能性就会加大。

Google 搜索引擎就是一个很典型的例子，它表明，一旦用户开始频繁地使用某项服务，那就一定会将这项服务纳入自己固定的行为习惯中。如果你对Google影响用户习惯的能力心存怀疑，那就不妨试用一下Bing（必应搜索）。在对这两个都提供匿名搜索服务的平台进行效能比较时，我们会发现它们没什么两样。[17] 尽管在天才设计者的努力下，Google的演算系统运行速度要稍快一些，但是因此节约下来的时间也许除了机器人和玻巴克先生（《星际迷航》中的人物）之外没有人能察觉得到。这并不是说毫秒无关紧要，只是这样微小的时间差异不可能成为钩住用户的诱饵。

既然如此，那为什么没有更多的Google用户转而投向Bing的怀抱呢？这就是习惯的力量，是习惯让Google拥有了如此众多的忠实用户。在他们已经熟悉Google操作界面的情况下，转而使用Bing只会增加他们的认知负担。虽然Bing在很多方面都与Google类似，但即使是一个微小的像素设置差异都有可能迫使用户适应新的访问方式。适应Bing的操作界面实际上降低了这些Google用户的搜索效率，会让他们觉得Bing稍逊一筹，这种感觉与技术无关。

人们往往会频繁地在网络上搜索信息，因此Google完全有能力巩固自己的地位，成为老用户心目中的不二之选。用户不会再纠结于该不该选择Google，他们仅仅是按直觉行事。此外，利用追踪技术，Google还可以记录下用户的搜索轨迹，根据他们以往的偏好来提高搜索结果的准确度，使用户享受到个性化的服务，从而进一步加强他们与这个搜索工具之间的密切联系。使用频率越高，搜索速度就越快，因而也就越受用户的喜爱。正是这种习惯驱动下形成的良性循环，成就了Google的业界霸主地位。[18]

## 基于习惯的发展战略

有些时候，不同于使用牙线或是搜索信息，某种行为发生频率并不高，但依然会成为用户的习惯。要想让这些不经常发生的行为演变为习惯，那就必须让用户深切感受到它的用处，要么能为你带来快乐，要么能帮你解除痛苦。

以亚马逊网站为例。这家网络零售商的战略定位是成为覆盖全球的一站式购物中心。它对自己打造用户习惯的能力深信不疑，所以在网站上发布了很多极具竞争实力的产品的广告。[19] 用户会经常在此看到他们打算购买的商品以优惠价出售，只需轻点鼠标就能链接到另一个网站继而完成购买。有些人觉得为他人作嫁衣裳无异于自寻死路，但对亚马逊而言，这恰恰是它的生财之道。

通过给各大竞争对手做宣传，亚马逊网站不仅赚足了广告费，还借助别人的营销投入为自己在用户心目中赢得了一席之地。用户渴望找到他们需要的产品，而亚马逊网站刚好对症下药，解了人们的燃眉之急。

虽然该网站没有直接参与这些产品的销售，但是因为它消除了用户对价格的顾虑，所以赢得了大批忠实的拥趸，成为用户心目中值得信赖的网站。2003 年的一项研究进一步证明了这一策略的高明之处。该研究表明，当用户能够从在线零售网站上了解到各类商品的优惠信息时，他们会更容易成为网站的忠实用户。[20]这一经营策略同样也受到了 Progressive 的青睐，这家专做汽车保险业务的公司通过同样的方式，成功地将年度营业额从之前的 34亿美元拉升到了 150 亿美元。

通过让用户在网站内部对不同店铺的商品做比较，亚马逊网站让大家深切感受到了它不容小觑的作用。虽然人们登录购物网站的频率不一定很高，但是他们已经把亚马逊网站当成了自己购买商品时的首选，在人们心目中，它的地位已经坚不可摧了。事实上，由于用户在亚马逊网站上能轻松惬意地对比商品进行购物，他们会频繁地在移动设备上打开该网站的应用程序，一边逛实体店一边比较价格，往往能以最低价买到心仪的商品。[21]

## 习惯的区间

要想打造习惯养成类产品，企业务必认真考虑两个因素。第一，频率，即某种行为多久发生一次；第二，可感知用途，即在用户心中，该产品与其他产品相比多出了哪些用途和好处。

我们每天使用Google搜索的次数多不胜数，但是就具体的搜索能力而言，它并不比竞争对手Bing强出多少。相反，我们登录亚马逊网站的频率也许没那么高，但是却能感受到它无与伦比的优势，因为在这个无所不包的一站式购物网站，我们可以买到自己需要的任何东西。[22]

如图1所示，若某种行为发生的频率足够高，被感知到的用途足够多，就会进入我们的"习惯区间"，进而演变为一种默认的行为方式。这两个因素缺一不可，如果有任何一方面欠缺，某种行为发展为习惯的可能性就会降低。

请注意，图中的曲线向下延伸，但是永远都不会和代表"可感知用途"的横轴重合。这表示有些行为始终不会发展为习惯，因为它们发生的频率不够高。无论这种行为能为你带来多么丰富的用途，发生频率的不足都只会让它作为你有意识的举动而存在，却永远都不会成为你下意识的反应，而后者才是我们所谓的习惯。然而，代表"频率"的纵轴显示，就算某种行为带给你的益处并不明显，但是因为它发生的频率足够高，也会演变为你的习惯。

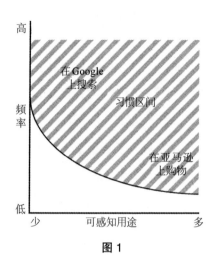

**图 1**

这一发现可以为企业提供一些理论指导，图中的刻度是研究者刻意留白的。遗憾的是，截至目前，尚未有任何研究能提供一个通用的时间表，来告诉我们将某一行为发展为习惯究竟需要多长时间。2010 年的一项研究显示，有些习惯的形成只需要几个星期，而另一些习惯的形成则需要 5 个月以上的时间。[23] 研究人员还发现，行为的复杂程度和对于该用户而言的重要性会极大地影响习惯形成的速度。

关于"频率多高才算高"这个问题，目前还没有一个定论。不同的产品和行为对此要求也各不相同。但是，我们从前面所举的牙线的例子中可以看出，频率越高，演变为习惯的可能性就越大。

想想看，哪些服务或产品是习惯养成类的？其实它们当中的大部分即便没有时时刻刻伴随我们，也至少渗透在每一天的日常生活中。下面，就让我们探寻一下这种频繁发生的行为背后的根源。

## 维生素 vs 止痛药

发布新产品或是推出新服务应该是易如反掌的事情，然而事实情况是，大部分的创新尝试最后都无疾而终。失败的原因五花八门，比如公司出现了资金短缺，产品投入市场的时机不合时宜，市场对产品没有需求，或者是创始人半途而废。同样，成功的原因也不一而足。但是，凡是成功的创新都有一个共性：能够解决问题。这看似明确，实则复杂，因为人们总是对新产品应该解决何种问题各执一词。

"你生产的是维生素还是止痛药？"当企业创始人渴望得到第一笔风险投资时，投资人总是喜欢向他们提出这个老套的问题。从投资人的角度来看，正确答案应该是"止痛药"。同样地，大大小小公司里的那些创新派也经常被要求对他们的创新理念加以验证，以说服投资人相信他们所付出的时间和金钱物有所值。投资人和总经理就像是企业的守门员，都希望把资金投入在那些能解决实际问题的项目上，或者说，能满足当前需要的项目上，所以他们才会选择"止痛药"。

止痛药可以满足人们的显性需求，缓解身体某部位的疼痛感，而且市场覆盖面通常较大。比如说以扑热息痛为主要成分的医药品牌"泰诺"，它承诺给患者带来安全可靠的止痛体验。这种及时见效的产品自然能让用户毫不犹豫地购买。

与之相比，维生素不一定能缓解表面的痛苦。它可以满足用户的情感需求，但满足不了他们对功能的要求。我们每天早晨吞下复合维生素片时，并不知道它是不是真的能让我们更健康。有研究表明，复合维生素对我们身体的影响其实是弊大于利。[24]

然而，我们并不在意它是否真的有用。服用维生素并不是因为它疗效显著，而是因为这就像是完成任务，虽然缓解不了身体上的痛苦，但却能带来心理上的安慰。即便不知道它究竟有什么作用，我们也都会因为善待了自己的身体而备感轻松。

不吃止痛药可能会让我们苦不堪言，而维生素则不一样，偶尔有几天漏掉，比如外出度假时，也没什么大不了。这是不是意味着投资人和经理们做出的是最佳选择呢？是不是生产止痛药而不是维生素，永远是正确的策略呢？

答案是：不一定。

我们来看看如今最热门的几家消费者科技公司，例如Facebook、Twitter、Instagram和Pinterest。它们在兜售什么？维生素还是止痛药？大部分人可能回答是"维生素"，因为用户在这些网站上的行为不外乎是提升他们在社交网络中的地位，并不是为了完成重要任务。还记得这些服务尚未进入人们生活的那个年代吗？没人会在半夜爬起来大呼小叫地更新自己的状态。

但是，和对待其他创新事物一样，只有当这些东西已经融入生活时，我们才会发现自己是多么需要它们。在你确定这些全世界数一数二的科技公司兜售的究竟是维生素还是止痛药之前，请先明确一点：如果你因为无法实施某种行为而感到痛苦，那说明习惯业已形成。

在此务必澄清一下"痛苦"这个概念，因为它频繁地出现在商学院的讲堂和营销学的书籍上，多少有些言过其实。实际上，我们所要描述的体验更接近于"痒"，它是潜伏于我们内心的一种渴求，当这种渴求得不到满足时，不适感就会出现。那些让我们养成某种习惯的产品正好可以缓解这种不适感。比起听之任之的做法，利用技术或产品来"挠痒痒"能够更快地满足我们的渴求。一旦我们对某种技术或产品产生依赖，那它就是唯一的灵丹妙药了。

至于科技公司究竟是兜售维生素还是止痛药，我的看法是二者皆有。科技公司提供的服务在初期更像是锦上添花的维生素，可一旦它成为用户日常生活的一部分，那就会像止痛药一样抚平人们内心的"痒"。

趋乐避苦是所有物种的共性。感到不舒服时，我们会想方设法逃避这种不适的感受。在下一章，我们将探索情绪，尤其是负面情绪，是如何促使用户采取行动的。但目前，大家需要掌握的要点是：习惯养成类产品会在用户的大脑中建立一种联结，使他们一感觉到痛痒就会想要使用这个产品。

关于操控用户行为是否道德这个话题，我们将在第八章进行讨论。值得注意的是，尽管一些人会将"习惯"和"成瘾"这两个词混为一谈，但它们是截然不同的两码事。"成瘾"指的是长期且被动地依赖某种行为或是某个东西。依照定义，"成瘾"最终会使人走向自我毁灭。因此，生产让用户成瘾的产品是不负责任的表现，因为这等同于蓄意伤害。

相反，习惯可以对一个人的生活产生积极影响。习惯有好有坏，而你每一天都有可能重复一些有益身心的习惯。今天你刷牙了吗？洗澡了吗？感谢别人的时候有没有说"谢谢"？或者，就像我一样，在黄昏慢跑时说出"早上好"？这些几乎在无意识中发生的行为在我们的生活中比比皆是——这就是习惯。

## 迎接上瘾模型

准备好了解更多有关培养积极的用户习惯的内容了吗？请接着往下看，你将对上瘾模型获得一份全面深入的认知，它简单易行却效果非凡，能够促使用户把他们的需求和你的产品紧密联系在一起。

我们将在接下来的各章中逐一介绍上瘾模型的各个阶段。我会在其中提供真实案例，供大家在设计产品或服务时参照。通过了解人类思维活动的若干关键特征，你以更快速度设计出优秀产品的可能性将会大大增加。

　　上瘾模型的四个阶段——触发，行动，多变的酬赏，投入——将是你推动用户对产品形成依赖的有效途径。

## | 牢记并分享 |

○ 用户对其产品形成的使用习惯是某些企业生存发展的根本，但并非所有企业都受制于此。

○ 一旦成功地使用用户对其产品形成了使用习惯，企业就能获益匪浅，具体表现在：更高的用户终身价值，更大的价格灵活性，更快速的增长，以及更强的竞争优势。

○ 只有当某种行为的发生频率足够高、可感知用途足够多时，它才可能发展为习惯。

○ 习惯养成类产品起初都是非必需品（比如维生素），可一旦发展为习惯，它们就会变成必需品（比如止痛药）。

○ 习惯养成类产品通过"挠痒痒"减轻用户的痛苦。

○ 设计习惯养成类产品其实是在操控对方的行为。生产企业在做设计之前，最好先审慎思考，以确保自己的设计会引导用户形成健康的习惯，而不会发展为病态的成瘾（详见第八章）。

\* \* \*

### 现在开始做

假如你要开发一款习惯养成类产品，请先回答以下问题：

▸ 你的企业模式要求用户形成什么样的习惯？

▸ 用户能利用你的产品解决什么样的问题？

- 用户目前是以什么方式在解决他们的问题？为什么必须要解决这个
  问题？

- 你希望用户和你的产品之间发生何种程度的关联？

- 你希望将哪种用户行为发展为习惯？

## 第二章

# HOOKED

## How to Build
## Habit-Forming Products

# 触发：

## 提醒人们采取下一步行动

英（化名）今年25岁，家住帕罗奥多，就读于斯坦福大学。和所有来自名校的学生一样，英沉着内敛，举止优雅。可即便如此，她在生活中也难免受制于习惯。这个习惯就是使用Instagram。

2012年，这家提供图片和视频分享的社交网站被Facebook以10亿美元的价格收购。目前，它的忠实用户数量已经高达1.5亿。[1] Facebook此番收购表明，习惯养成类技术不仅前途无量，经济价值也非比寻常。当然，Instagram能以如此高的价格被收购，原因有很多，包括风传的多家公司间开展的竞标大战。[2] 但核心根源是，Instagram拥有一支富于进取心的研发团队，他们既通晓技术，又深谙消费者心理，所以才会推出这样一个让用户爱不释手的产品，并使之逐渐成为用户生活中必不可少的一部分。[3]

虽然英坦言自己的确每天都会抓拍一些东西，并且会将照片上传到 Instagram 上，但她并没有意识到自己已经上瘾。"就是觉得好玩儿，"英一边说，一边把近期拍摄的心情图片用过滤色处理成怀旧效果，"我没想用它来解决什么问题，只是看见好玩儿的东西就想拍下来，希望用镜头来捕捉这些转瞬即逝的美妙场景。"

是什么力量培养了英的这种习惯？这一看似简单的应用程序又是如何成为她生活中一个重要部分的？我们在接下来的内容中即将看到，这一类习惯往往是被日复一日的生活逐渐打磨而成，但是，习惯形成过程背后的联动效应却都是始于某个触发。

## 习惯不会凭空养成，只会逐步形成

习惯就像是珍珠。牡蛎中之所以能形成天然珍珠，是因为进入牡蛎的小沙粒被其中的珍珠质层层包裹起来，经年累月之后最终变为光滑的珍珠。是什么开启了这个过程？是因为微小异物的"入侵"。一颗沙粒，或是一个不受欢迎的寄生物，触发牡蛎的生理系统做出了反应，用一层层发亮的外膜将入侵者紧紧包裹起来。

同样的道理，新习惯的养成也需要一个平台，而"触发"就是促使你做出行为改变的底基。

请回想一下你的生活，问问自己，每天早晨是什么把你从梦中唤醒？是什么原因促使你去刷牙？又是什么原因让你打开了这本书？

有些触发是显而易见的，比如早晨叫醒你的闹钟；也有些触发非常地隐晦，比如对我们的日常行为产生明显影响的潜意识。触发可以激活某种行为，就像牡蛎中的小沙粒，被层层裹卷之后最终变成珍珠。无论我们能否觉察，是触发促使我们付诸行动。

触发分为两种：外部触发和内部触发。

## 外部触发

通过发出行动召唤来暗示用户，这是打造习惯养成类技术的第一步。我们身边的任何东西都有可能充当行动召唤。外部触发通常都潜藏在信息中，这些信息会告诉用户接下来该做些什么。

外部触发会把下一个行动步骤清楚地传达给用户。请看图2中的可口可乐自动售卖机。

图2

　　仔细看看图中做出欢迎手势的这个男子。他手中拿着一罐提
神醒脑的可乐，图片下方的文字"Thirsty？"（你渴吗？）表明这
是图中男子向你发出的邀请，提醒你接下来该做的动作就是投入
硬币，选择一种饮料。

　　在网络上，外部触发往往会以醒目的按钮形式出现在你眼前，
比如图 3 中大号的橙色提示按钮"Log in to Mint"（登录 Mint 账
号）。在此，用户又一次获得了关于下一步行动的清晰指令，那就
是，读完邮件后，点击这个颜色鲜明的大号按钮。

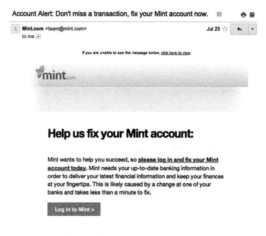

**图 3**

　　注意到了吗？来自 Mint 网站的这封邮件发出了很明确的行动
召唤。该网站原本可以在邮件上多添加一些触发，比如提醒你查询
银行账户、浏览信用卡消费清单，或是办理金融业务。但是它没
有。鉴于这是一封重要的账户警告邮件，Mint 将所有能想到的任务

都整合到这轻松一点之中：用户可以在登录之后再去浏览或是管理账户。

选择项越多，用户用于权衡的时间就越久。太多的或者无关的选项会让他们游移不定，不知所措，甚至就此罢手。[4]减少有关下一步行动的思考时间，这会提高某种行为发展为无意识习惯的可能性。在下一章中，我们会就此话题展开深入讨论。

可口可乐自动售卖机和Mint邮件服务为我们清楚地展现了何为外部触发。但是请注意，外部触发发出的下一步行动指令有些清晰，有些却很模糊。我们都知道网络链接是用来点击的，应用程序图标是用来按动的。这些常见的视觉触发唯一的作用就是引导用户采取下一步行动。作为大家习以为常的操作界面的一部分，这些触发的操作方法人尽皆知，因为信息就蕴含其中。

## 外部触发的类别

可供企业使用的外部触发共有 4 种类型：

### 1.付费型触发

做广告或是通过搜索引擎做推广都属于常见的付费型触发，企业借助这种途径来吸引用户的眼球并触发他们的下一步行动。付费型触发能够有效地拉拢用户，但是代价不菲。企业可以使用付费型触发，但是最好不要长期依赖它。假如

Facebook或者Twitter要靠打广告来触发用户，那可能过不了多久就会资不抵债。

靠花钱来拉拢回头客不是长久之计，企业往往只在争取新客户时才使出这一招。在将新客户发展为老客户的过程中，它们可以借助其他手段。

## 2.回馈型触发

回馈型触发不需要你花钱，因为它靠的不是钱，而是你在公关和媒体领域所花费的时间与精力。正面的媒体报道，热门的网络短片，以及应用商店的重点推介，这些都是让你的产品获取用户关注的有效手段。由此出现的销量和点击量的飙升很容易使企业盲目乐观，认为这就算大功告成，实则不然。回馈型触发所引发的用户关注往往是昙花一现。

要想利用回馈型触发维持用户的兴趣，企业必须让自己的产品永远置于聚光灯下，这无疑是一项艰巨而又前景莫测的任务。

## 3.人际型触发

熟人之间的相互推荐是一种极其有效的外部触发。无论是电子邀请函，还是Facebook上标注的"喜欢"，或者是老套的口碑相传，这些来自朋友或家人的推荐往往是科技传播的核心推动力。

人际型触发可以引发企业经营者和投资人所渴望的"病毒式增长"，有时是因为人们总是愿意把自己心仪的产品和大家分享。

20世纪90年代末期，PayPal（一种国际贸易支付工具）的病毒式增长规模一度无人能及。[5] 它知道，一旦人们开始在网络上进行资金交易，就一定会被这种服务的巨大价值所吸引。有人把钱打入你的账户，这会使你迫不及待地想要登录账户进行查询。而且，PayPal 还兼具实际用途，所以才会在用户中间迅速地传播。

遗憾的是，有些商家利用"黑暗模式"将人际型触发和病毒式循环应用在不道德的信息传播中。这些商家会设计一些程序，恶意引诱用户将朋友邀请至某个社交网站，这种做法一开始会带来一定的收益，但代价却是失去用户的信任与期望。当人们发现自己上当受骗时，多半会因为失望或愤怒而停用这个产品。

利用人际型触发来促使用户积极地与他人分享产品的优势，这才是正确合理的使用之道。

## 4. 自主型触发

自主型触发在用户的生活中确确实实占有一席之地。它每天都会持续出现，所以用户最终会选择认可它的存在。

只要用户自己乐意，手机屏幕上的应用程序图标、订阅的新闻简报，或者是应用更新通知等就会出现在他们眼前。只要他们同意接收，这些触发的源头公司就有可能获得用户的关注。

自主型触发只有在用户已经注册了账户、提交了邮件地址、安装了应用或选择了新闻简报等情况下才会生效，它意味着用户愿意继续与之保持联系。

付费型触发、回馈型触发以及人际型触发都是以争取新用户为主要目标，而自主型触发以驱动用户重复某种行为作为重点，目的是让用户逐渐形成习惯。如若没有自主型触发，不能在用户默许的前提下获得他们的关注，产品就很难以足够高的出现频率渗透进用户的使用习惯里。

*　*　*

使用外部触发仅仅是迈出的第一步。各种类型的外部触发都只有一个终极目标，那就是驱使用户进入上瘾模型并完成余下的循环步骤。当驱动他们经历一整套循环之后，外部触发将不再发挥作用，取而代之的是另一个武器：内部触发。

## 内部触发

当某个产品与你的思想、情感或是原本已有的常规活动发生密切关联时，那一定是内部触发在起作用。外部触发会借助闹钟或是大号的按钮这一类感官刺激来影响用户，内部触发则不同，你看不见，摸不着，也听不到，但它会自动出现在你的脑海中。所以说，将内部触发嵌入产品，是消费者技术成功的关键。

对于英这个年轻女孩而言，Instagram已经成为她生活中的一个组成部分。这个深受她喜爱的图片应用正是利用内部触发激起了她的兴趣。通过一再重复出现的条件反射，英想要抓拍身边事物的这种需求与时刻伴随左右的移动设备之间形成了一种稳定的联系。

情绪，尤其是负面情绪，是一种威力强大的内部触发，能给我们的日常生活带来极大的影响。诸如厌倦、孤独、沮丧、困惑或者游移不定等情绪常常会让我们体验到轻微的痛苦或愤怒，并使我们几乎在一瞬间就不自觉地采取行动来打压这种情绪。以英为例，每当她担心某个与众不同的时刻会一去不复返时，就会打开Instagram。

这种不适感的严重性相对来说还算低，也许还尚未引起她的注意，但这正是问题的症结所在。生活中这种微不足道的压力源随处可见，而我们往往对自己在应付这些烦恼时的表现毫无察觉。

正面情绪同样可以成为内部触发，甚至还会在我们想要摆脱某种不适感时被触发。说到底，产品是用来帮助我们解决问题的。渴望从产品中获得愉悦，说明我们希望借此消解烦闷。愿意将好消息与众人分享，说明我们试图建立并维系各种社交关系。

产品设计者的初衷就是帮助用户解决问题，消除烦恼，换句话说，就是挠挠他们的心头之"痒"。当用户发现这个产品有助于缓解自己的烦恼时，就会渐渐地与之建立稳固且积极的联系。在使用过一段时间之后，产品与用户这二者之间开始形成纽带，就像牡蛎中一层层的珍珠质。久而久之，这种纽带会发展为习惯，因为用户只要受到内部触发的刺激，就会转向这个产品来寻求安慰。

密苏里科技大学对于科技能够在多大程度上给人们带来心理安慰进行了研究。[6] 2011 年，该校 216 名本科生甘当志愿者，同意以匿名的形式让研究人员追踪他们的网络行为。在为期一学年的实验中，研究人员对这些被试者的上网频率与网络行为进行了记录。

研究接近尾声时，研究人员对访问过学校健康服务网站咨询抑郁症的学生的上网数据进行了对比分析。"我们发现了与抑郁症相关的几种网络行为特征，"其中一名研究者斯里拉姆·切拉潘这样写道[7]，"例如，出现抑郁症状的被试者使用电子邮件的频率往往会更高，而且，他们在网上看电影、玩游戏、聊天的次数也呈上升趋势。"

依据该研究结果，承受抑郁情绪的人们会对网络产生更大的依赖性。为什么会这样？有人猜测是因为这类人群会比其他人体验到更多的负面情绪，因此才从科技中寻求安慰，调节自己的心情。

回想一下你自己在情绪驱动下做出的那些举动。当受到内部触发的刺激时，你会做出什么样的反应？

感到无聊时，许多人都会想方设法找乐子，会去浏览醒目的新闻头条。压力太大时，人们会更渴望平静，也许会在 Pinterest 这样的网站上找到寄托。形单影只时，Facebook 或者 Twitter 可以让我们立刻感受到他人的陪伴。

而想要减轻心中的不确定感时，你只需点击进入Google邮件服务。电子邮件也许称得上是所有习惯养成类产品的鼻祖，它可以为我们每天的情绪浪花提供随时随地的慰藉。查收邮件看看是否有人惦记自己，一来可以证明我们的重要性（甚至只是证明我们的存在），二来可以让我们从邮件中寻找一方远离尘嚣的净土。

一旦被产品钩住，那用户就不一定只在清晰明确的行动召唤下才会想到这个产品。相反，情绪引发的自动反应会引导我们做出特定的举动。与这些情绪紧密相关的产品慰藉用户的效果立竿见影。当用户在心目中认定某项技术就是解决他情绪问题的良药时，这项技术就会自然而然地出现在他的脑海中，无须再依靠外部触发。

在内部触发的影响下，有关下一步行动的信息将会作为已知内容存储到用户的记忆库里。

然而，内部触发与产品之间的纽带并不是一蹴而就的。有时候你需要频繁使用几个星期或几个月的时间，才能让内部触发发展为行动暗示。外部触发可以培养新习惯，而内部触发造就的情感纽带则可以让新用户变成你产品的铁杆粉丝。

就像英说的，"我只是在见到很酷的东西时才会想到要拍下来"。Instagram用心良苦地凭借将外部触发完美转换至内部触发，使其产品成为用户日常生活中的必需品。每当英看到一个她认为值得关注的东西时，内心就会产生一种需求，而Instagram就是满足这份需求最直接的途径。英不再需要外部刺激来打开这款应用，因为内部触发已经自动开始工作了。

## 安装触发

习惯养成类产品能对特定情绪产生安抚作用。要做到这一点，产品设计者必须要洞悉用户的内部触发，也就是说，了解用户的烦恼所在。然而，仅凭调查访问去发掘用户的内部触发是远远不够的。你还有必要深入挖掘用户内在的情感体验。

习惯养成类产品的终极目的就是获得用户的关注，消除用户的烦恼，使他们将某种产品或服务默认为温暖心灵的良方。

所以，企业要做的头一件事不是苦思冥想打造产品的特色，而是要弄清楚用户在情感层面存在哪些软肋或困扰。如何着手这项工作呢？最好的切入点就是研究现有的成功的习惯养成类产品，不是为了原样照搬，而是要看看它们是如何解决用户的问题的。这样的学习有助于你更深入地理解消费者心理，提醒你关注那些最基本的人性需求和渴望。

Blogger和Twitter的联合创始人伊万·威廉姆斯曾经说过，互联网是"一个可以满足你所有需求的庞然大物"。[8]他还说，"我们通常会以为互联网的优势在于花样翻新，但其实人们只想在网络上继续做自己熟悉的事情"。

　　这种平实的需求实际上普遍存在。但是，通过言语交流来让用户透露他们的所思所想似乎并不现实，因为他们自己也不一定明确知道是何种情感在背后发挥作用。生活中我们经常会遇到口是心非的人，说一套，做一套。所以说，言语不一定能反映出最真实的想法。

　　艾丽卡·霍尔在《适可而止的研究》（*Just Enough Research*）一书中写道："只有当你的研究重心放在人们的实际行为（看关于猫的视频）而非内心愿景（拍摄具有影院效果的家庭录像）上时，你才会发现更多的可能性。"[9] 矛盾或冲突亦代表着机会。人们为什么会发送短信？为什么要拍照？观看电视节目或是体育比赛在人们的生活中起到什么样的作用？反思一下，这些行为能够消除什么样的烦恼？会让用户产生什么样的感受？

　　用户期望借助你的产品实现怎样的目的？他们会在何时何地使用这个产品？什么样的情绪会促使他们使用产品，触发行动？

　　Twitter 和 Square 的联合创始人杰克·多尔西就这些问题与我们分享了他的经验。"如果你想让自己的产品和人们的生活挂上钩，那就得站在他们的立场考虑问题。所以，我们花费了大量的时间来编写用户情境体验。"[10]

　　多尔西接下来讲述了自己是如何尝试着去理解用户的。"他住在芝加哥中部地区，后来他遇到了她，然后二人走进了一家咖啡厅……这听起来像一幕剧，非常美妙的一幕剧。如果你能把这幕剧编排得引人入胜，那么产品的设计、优化以及开发产品所需要的人员协调等所有问题都会顺理成章地得到解决。"

多尔西认为，清晰地捕捉用户的想法和情感，了解他们使用某个产品的情境，这是开发新产品时最重要的任务。除了他提出的编写用户情境体验，诸如客户发展计划[11]、可行性研究以及移情图[12]等工具，都可以帮助我们很好地了解潜在的用户。

要进入某种情绪状态，你可以尽可能多地问问自己"为什么"。通常当你问到第五个"为什么"时，你所期冀的情绪状态就会出现。这就是在丰田生产系统中被大野耐一称为"5问法"的著名方法。他认为这个方法是丰田式科学管理方式的基础。通过问5个"为什么"，人们能够很轻松地发现问题的实质并找出相应的解决方法。[13]

至于人们为什么会依赖某个产品，我们认为内部触发是核心原因。而问"为什么"则可以帮助我们找出问题的核心。

假设我们即将推出一款闪亮的新技术——电子邮件，目标用户是一位名叫朱丽的中层经理。我们已经对朱丽进行了详细的用户资料分析，以供解答下列"为什么"：

1. 朱丽为什么需要使用电子邮件？

　　答案：为了接收和发送信息。

2. 她为什么要接收和发送信息？

　　答案：为了分享并即时获取信息。

3. 她为什么想要分享和获取信息？

　　答案：为了了解她的同事、朋友和家人的生活。

4. 她为什么想要了解他人的生活？

　　答案：为了知道自己是否被别人所需要。

5. 她为什么会在意这一点？

　　答案：因为她害怕被圈子所抛弃。

现在我们有答案了！恐惧感是她身上最强大的内部触发，因此，我们在设计产品时，应该考虑使它能减轻用户的恐惧心理。当然，如果一开始我们选择的对象不是朱丽，提问的设计和推测的答案也不会是以上这样，那么得出的结论就可能完全不同。唯有当我们能准确把握用户的潜在需求时，才能从中获得有价值的启发。

我们已经了解了用户的烦恼，接下来就该进入下一个环节：验证产品的功效，看看它是否能解决用户的问题。

## Instagram 中的触发

Instagram 之所以能取得成功，每天吸引上万用户，一个很重要的原因就是它的设计者洞悉到了用户的内心。对于英这样的人而言，就像是一个寄托情思与灵感的港湾，他们得以用影像记录生活。

英的使用习惯始于外部触发——朋友的推荐，在经过几周的体验之后，她成了固定用户。

每抓拍下一个画面，英都会把它分享到 Twitter 和 Facebook 的朋友圈里。想一想你初次看到一张用 Instagram 处理过的图片。它吸引到你了吗？引起你的好奇了吗？它是否促使你也想亲身一试？

这些图片就属于人际型外部触发，它们会唤起你的注意，诱使你安装并使用这个应用。当然了，这些出现在Facebook和Twitter上的图片并不是Instagram招揽新用户所使用的唯一的外部触发。媒体、博客或者苹果应用商店中的特色推荐栏也是人们了解这款应用的重要渠道，而这些都属于回馈型触发。

一旦你下载安装了Instagram，自主型外部触发就将发挥作用。用户手机屏幕上的应用图标，以及朋友圈里的图片更新，都将召唤你重新打开这款应用。

随着你使用次数的增多，Instagram会与你的内部触发建立起紧密的联系，也就是说，大部分用户对应用的使用将从偶尔为之演变为必不可少。

正是因为人们担心某个宝贵时刻会一去不复返，所以才会感觉到压力如山。这种负面情绪构成的内部触发会促使人们借助这个应用来捕捉光影，以缓解他们内心的痛苦。在用户持续体验这项服务的过程中，新的内部触发会逐渐形成。

Instagram不仅具备相机的功能，还为用户搭建了一个社交网络平台。借助它，用户可以通过和其他人建立联系来排遣无聊，分享图片，互开善意的轻松玩笑。[14]

与很多社交网络一样，Instagram还可以有效地缓解"社交控"这一症状（一种不刷新、不获知最新消息就感到不适的社交焦躁症）。它与用户的内部触发之间联系密切，而用户新的使用习惯正是在此基础上得以逐步形成。

接下来，我们要了解的是如何利用你的产品来解决用户的问题。在下一章，我们将揭示触发驱动下的行为在培养人们的新习惯时所发挥的重要作用。

## │ 牢记并分享 │

○　触发是上瘾模型的第一个阶段，它可促使用户采取行动。

○　触发分为两类——外部触发和内部触发。

○　外部触发通过将信息渗透在用户生活的各个方面来引导他们采取下一步行动。

○　内部触发通过用户记忆存储中的各种关联来提醒他们采取下一步行动。

○　负面情绪往往可以充当内部触发。

○　要开发习惯养成类产品，设计者需要揣摩用户的心理，了解那些有可能成为内部触发的各种情绪，并且要知道如何利用外部触发来促使用户付诸行动。

*　*　*

### 现在开始做

参照你在上一章"现在开始做"这个环节中提供的答案，完成以下练习：

▶　哪些人会使用你的产品？

▶　你期望用户形成什么样的习惯？

▶　想出三个能够促使用户使用该产品的内部触发，可参照本章中介绍的"5 问法"。

▶　哪一个内部触发在用户身上出现的频率最高？

▶　利用出现频率最高的内部触发和你期望塑造的习惯，完成以下这个简短的用户情境设计：每当用户感到……（内部触发），他就会……（预期习惯的第一步）。

▶ 回到前一个问题，在迈出通往习惯的第一步时，用户会做什么？何时何地可以启动外部触发？

▶ 如何才能在用户的内部触发被触动时及时地引入外部触发？

▶ 想出至少三种能触发你的用户关注现有技术（电子邮件、推送通知、短信等）的常规方法。接着，请发挥你的想象力，构思至少三种超出常理且目前难以实现的方法，来触发用户关注你的产品（可穿戴式电脑、生物传感器、信鸽等）。你会发现这些疯狂的念头会激发新的洞见，而它们未必真的不可理喻。若干年后，新的科技手段将会把目前难以想象的构思都变为现实。

## 第三章

# HOOKED

### How to Build
### Habit-Forming Products

# 行动：

## 人们在期待酬赏时的直接反应

行动

接下来要进入的是上瘾模型的第二个阶段——行动。前文中我们说过，外部触发和内部触发可以提示用户下一步的行动方向，但是，如果他们没有付诸行动，触发就未能生效。要想让用户动起来，光说不练是不行的。别忘了，所谓习惯，是指人们在几乎无意识的情况下做出的举动。一种行为的复杂程度越低，无论是体力上的还是脑力上的，被人们重复的可能性就越大。

## 行动vs不作为

既然只有让用户动起来才有可能塑造他们的使用习惯，那么设计者该如何达成这个目标？有没有一个现成的行为公式来指导他们的设计思路？答案是：有。

很多理论已经就人类行为受何种力量驱动这一问题进行了阐释，斯坦福大学说服技术研究实验室的主任福格博士构建了模型。借助这套模型我们可以相对容易地了解人类行为背后的驱动因素。

福格认为，要使人们行动起来，三个要素必不可少。第一，充分的动机；第二，完成这一行为的能力；第三，促使人们付诸行动的触发。

福格行为模型可以用公式来呈现，即B=MAT。B代表行为，M代表动机，A代表能力，T代表触发。要想使人们完成特定的行为，动机、能力、触发这三样缺一不可。[1] 否则，人们将无法跨过"行动线"，也就是说，不会实施某种行为。

让我们借助福格曾经引用的一个例子来解释一下该模型的原理。设想一个场景：你的手机响了，而你却没有接，这是为什么？

可能是因为手机放在包里，你一时间没找到。这个时候，你没有能力接电话，导致行动受阻。换句话说，你的能力被限制住了。

也许你以为对方是电话推销员，不想接听。动机不足导致你对来电置若罔闻。

也可能来电很重要，你也够得着手机，但是手机铃声被设置为静音了。这个时候，就算你有强烈的动机，并且能轻易接通电话，但还是没接上，因为你压根儿就没听见手机响。这就意味着，触发没有出现。

关于触发，我们已经在前文中做了详尽的解释，此处不再赘述。接下来，就让我们跟随福格行为模型，来深入探悉另外两个要素：动机和能力。

# 动　机

触发提醒你采取行动，而动机则决定你是否愿意采取行动。爱德华·德西博士是罗切斯特大学的心理学教授，同时也是"自我决定论"的开创者，他对动机的定义是：行动时拥有的热情。[2]

虽然心理学界对于"何为动机"这个话题各执一词，但是福格博士认为，能够驱使我们采取行动的核心动机不外乎三种。

第一种，追求快乐，逃避痛苦；第二种，追求希望，逃避恐惧；第三种，追求认同，逃避排斥。他指出，所有人的行动都受到这三组核心动机的影响，每一组中的两个要素就像是杠杆的两端，其上下摆动的幅度会导致人们做出某种举动的可能性相应地增加或者减少。

## 蕴含在广告中的动机

也许没有哪个行业会像广告业那样把动机表达得如此直白。广告策划人常常会猜透用户的动机，并借此来影响他们的习惯。下面，就让我们带着批判性的眼光来审视一下广告，看看它们是如何影响我们的行为的。

　　以 2008 年奥巴马参加美国总统大选为例。竞选中，他充分利用了时代背景，以信心十足的形象，给处于经济低迷和政治动荡时期的民众传递出积极向上的信息。由艺术家谢波德·费尔雷设计的竞选海报为奥巴马打造了一个标志性形象，无论是海报下方的大号字体，还是画面中他凝视远方的坚定眼神，都在传达着一个意思：希望。（很可惜，费尔雷与美联社就奥巴马这张照片的版权归属问题争执不下，因此我只好在书中省去该图。读者可在本书的尾注中查找图片链接。）[3]

　　另一个经常被广告商利用的动机就是老话所说的"性卖点"。作为一种由来已久的广告设计元素，暴露而性感的身体（通常是女性身体）几乎可以用来给所有产品做宣传，从"维多利亚的秘密"女士内衣，到 GoDaddy.com 的域名注册，甚至是卡乐星汉堡和汉堡王这样的快餐连锁店。这些产品和数不胜数的其他产品一样，都是利用人性中隐秘的窥探欲，来吸引用户付诸行动。

**图 4**

当然，这种广告策略只适用于对"性卖点"格外敏感的部分人群。青春期的男孩子往往是这类广告的重点目标受众。他们有可能从中找到兴奋点，而其他人则不一定，没准还会非常反感这样的广告。能够成为某些人行为动机的东西未必适用于另一些人，所以，你一定要知道自己的目标客户到底需要些什么。

有时候，心理动机不一定像奥巴马竞选海报或是快餐连锁店宣传画中表现的那样赤裸裸。图 5 中百威啤酒的广告就是一个例证。在此，啤酒生产商利用了社交凝聚力这一动机，用三个携手为国家队助威的年轻男子形象来为自己的产品做宣传。尽管啤酒和社交生活没有直接联系，但是图片强化了这一啤酒品牌所蕴含的好友情深的理念，让人们过目难忘。

**图 5**

与之相反，像恐惧这一类的负面情绪也可以充当动机，而且效果甚佳。图 6 中的男子是一位残疾人，脑袋上的伤疤触目惊心。这则广告是要提醒人们，骑摩托车一定要戴安全头盔。图中文字"I won't wear a helmet. It makes me look stupid."（我不想戴头盔，那样看起来很傻）和该男子在交通事故发生后仅有两岁智龄的形象，让观者不寒而栗。

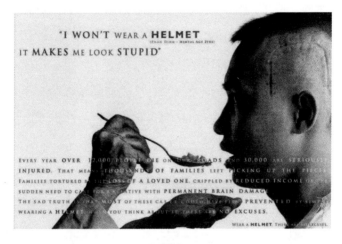

**图 6**

在上一章有关触发的内容里我们说过，弄清楚用户为什么需要某个产品或服务，是设计者务必要掌握的关键信息。内部触发是人们生活中频繁出现的一种内心之"痒"，而适当的动机会鼓励人们用行动来消除这种痒痛。

但是，设计人员发现，就算触发生效，动机强烈，用户仍常常不按照设计者期望的轨迹前进。这是为什么？就是因为可行性不足，换句话说，用户没有能力轻松自如地使用这个产品。

# 能 力

在《创新轻松三步法》(*Something Really New: Three Simple Steps to Creating Truly Innovative Products*)一书中,作者丹尼斯·豪普特利将产品的创新过程分解成了三个基本步骤。第一步,了解人们使用某个产品或服务的原因。接下来,列举出用户使用该产品时的必经环节。最后一步,在明确整个过程的所有环节之后,开始做减法,把无关环节全部删除,直至将使用过程简化到极致。

如此看来,凡是能够让用户以最简便的方式享用到的产品或服务,一定是用户使用率最高的。在豪普特利看来,越简单的东西越受欢迎。

那么,是不是可以将"简洁"作为创新的核心标准呢?要回答这个问题,我们不妨先对近代科技的发展做一个简单的回顾。

几十年前,拨号上网技术被奉为神明。大家打开台式机后,在键盘上输入用户名和密码,伴随着调制解调器发出的滋滋啦啦的声音等待连接信号。半分钟甚至一分钟过后,网络才会接上。在当时,查收邮件或者浏览网页的速度按今天的标准来看慢得离谱,但由于网络为人们获取信息的过程提供了无可比拟的便捷性,所以这项技术受到了数百万互联网忠实用户的力挺。

当然,时至今日,已经很少有人能耐住性子等待拨号上网了,因为大家已经对随时随地高速接入网络的服务习以为常。电子邮件如今可即时接收，图片、音乐、视频还有文档，更别说网络上免费的海量资源，也可以在任何时候、任何地点被下载到联网的任何设备上。

　　这种进步验证了豪普特利的观点：当你使用某个产品时所需花费的步骤（在上述例子中，这个步骤指的是接入网络、登录网页）能被缩减或是优化时，用户使用它的频率就会增加。

　　以图7为例，提供网络内容的用户比例和该网络行为难易程度之间的关系以趋势线形式标注在内。

**图7**

　　在Web1.0时代，少数几家内容供应商均分天下，比如CNET和面向大众的《纽约时报》网页版。提供网络内容的人数微不足道。

　　然而，进入 90 年代末期，博客的出现改写了这种格局。在此之前，业余写作爱好者要想提供网络内容，必须先注册域名，设置自己的域名系统，寻找网站主机，安装内容管理软件，之后才能提交所写的东西。可似乎就在一夜之间，博客网站的问世将绝大多数烦琐程序一扫而空，用户只需要注册一个账号，就可以轻轻松松地在网络上畅所欲言了。

　　伊万·威廉姆斯是博客发布平台以及之后的 Twitter 公司的联合创始人，他的成功再一次验证了豪普特利提出的三步创新法。"选取人性中的某种欲望，最好是让人魂牵梦萦的某种欲望，然后利用现代科技来逐步满足这种欲望。"[4] 博客发布平台大大提高了人们在网络上表达自我的机会，其结果是，人们不再仅仅是享受网络资源，而是开始为网络提供内容，网络内容提供者的人数因此出现了显著的上升。

　　伴随着 Facebook 和其他一些社交媒体工具的问世，BBS（电子公告牌系统）和 RSS（简易信息聚合）这类早期技术已被进一步提炼，逐渐成为对信息更新迫不及待的人们必不可少的工具。

　　在博客发布平台问世 7 年之后，一家新成立的公司凭借一项新业务——微博客——开始抢占市场，这家公司就是 Twitter。对很多人而言，写博客的难度较大，而且也颇费时间。但是，在 Twitter 上有感而发地写上几句，这对谁都不算难事。随着越来越多的人使用 Twitter，"发推文"几乎成了一个全民参与的活动，截至 2012 年，Twitter 的注册用户已经达到 5 个亿。[5] 在初期，评论家并不看好 Twitter 每条推文不得超过 140 个字符的规定，认为这样的限制纯属噱头。但是他们恰恰忽略了一点，这样的限制实际上使更多的人具备了在网络上书写的能力，他们只需要在键盘上简单地敲打几个字，就可以和别人分享自己的感受了。从 2013 年末到现在，Twitter 用户平均每天发布的推文多达三亿四千万条。

如今，Pinterest、Instagram 和 Vine 这样的新公司又进一步简化了提供网络内容的过程。用户只需要抓拍图片或是收藏心仪的图片，就可以将其分享到多个社交网站。以上这些实例证明，推动网络创新一步步走到今天的原动力，就是将行为简单化。正是因为简化了的行为，才使得烦琐的网络内容提交演变为如今这场全民参与的狂欢。

网络发展的这段历史表明，任务的难易程度会直接影响人们完成这一任务的可能性。要想成功地简化某个产品，我们就必须为用户的使用过程扫清障碍。只有当用户有可能完成某一具体行为，他才会具备福格行为模式中的一个核心要素——能力。

*　*　*

福格总结了简洁性所包含的 6 个元素[6]，即影响任务难易程度的 6 个要素，它们是：

1. 时间——完成这项活动所需的时间。

2. 金钱——从事这项活动所需的经济投入。

3. 体力——完成这项活动所需消耗的体力。

4. 脑力——从事这项活动所需消耗的脑力。

5. 社会偏差——他人对该项活动的接受度。

6. 非常规性——按照福格的定义，"该项活动与常规活动之间的匹配程度或矛盾程度"。

福格建议，为了增加用户实施某个行为的可能性，设计人员在设计产品时，应该关注用户最缺乏什么。也就是说，要弄清楚是什么原因阻碍了用户完成这一活动。

用户究竟是时间不够，还是经济实力欠缺？是忙碌一天之后不想再动脑筋，还是产品太难操作？是这个产品与他们所处的社交环境格格不入，还是它太逾越常规，以至让人难以接受？

这些因素会因人因时而异，所以设计者应该问问自己，"哪一个因素能够让我的用户继续下一个步骤"？将简化使用过程作为设计宗旨，这有助于减少摩擦，消除障碍，推动用户跨越福格所谓的"行动线"，采取下一步行动。

在上瘾模型的行动阶段，福格的 6 个"简单"元素得到了充分的体现。设计者必须充分考虑自己的技术，看看它是否能使用户在期待惊喜的同时以最简单的方式实施当前步骤。这个步骤越简单，用户实施它并且成功进入上瘾模型下一阶段的可能性就越大。

下面，我将提供一些具体案例，请大家来看看这些已经取得成功的公司是如何推动用户快速进入上瘾模型的下一阶段的。

### 注册Facebook账号

在过去，注册成为软件用户或网站用户需要若干个步骤。首先，用户得按照提示输入邮箱地址，设置密码，然后提交姓名和电话号码等个人信息。这样的烦琐步骤会给用户的注册过程带来不小的麻烦。对使用移动设备的人而言，这种麻烦尤为明显，因为移动设备的屏幕更小，输入字符的速度更慢。

然而在今天，只要是浏览网页或是打开应用程序都会看到Facebook注册器的提示（见图8）。许多公司删除了注册环节的中间步骤，用户只需使用现成的Facebook证书，就可以轻松完成注册。

**图 8**

虽然Facebook注册器对于惜时如金的人来说是个宝贝，但是也有一些人认为它并不一定能简化注册过程。比如说，对于个人信息格外谨慎的人们可能就认为这个注册器没有什么益处，因为它会催生出新的焦虑，会让他们对Facebook这家社交网络界的老大产生信任危机。所以我在此重申一遍，用户遇到的问题不尽相同，而我们也没有一个包治百病的良方。因此，设计者们应该尽可能广开思路，设想一下用户可能遇到的阻碍。

## 用Twitter按钮来分享信息

人们可以在Twitter上分享文章、视频、图片，以及其他一些他们在网络上看到的内容。据统计，25%的推文都包含网址链接。鉴于此，Twitter公司希望能最大限度地简化用户转发推文时附上链接的过程。[7]

为了达成这个目标，Twitter公司为第三方网站设置了一个可嵌入式按钮，用户只需在浏览网页时点击这个按钮，就能轻松将它链接到自己的Twitter上（见图9）。在此，外部触发为我们打开了预先设置好的信息，减少了组织推文的麻烦，简简单单的一个步骤就完成了分享。

图9

## Google 搜索引擎

作为全世界最受欢迎的搜索引擎，Google 当年并没能在市场上抢占先机。90 年代末期才崭露头角的它，面临着和 Yahoo!、Lycos、Alta Vista 以及 Excite 等多家老牌公司的激烈竞争。在这个盈利高达几十亿甚至上百亿美元的行业，Google 最终是如何成为龙头的呢？

首先，Google 使用的 PageRank（网页排名）算法可以为人们的网络索引提供更精准的指示。通过对网页在其他网站上的链接率进行排序，用户搜索到的相关信息量会大大增加。和基于目录进行搜索的 Yahoo！比起来，Google 为人们节省了更多的时间。不仅如此，Google 在清理广告和无关信息这个方面也远远胜过竞争对手（见图 10）。从一开始，Google 奉行不悖的一条原则就是为用户呈现干净且一目了然的主页，页面编排的唯一准则就是只将相关搜索结果呈现给用户（见图 11）。

图 10

简单地讲，Google的成功在于它减少了人们在搜索信息时需要花费的时间和精力。如今，它依然在不遗余力地开发新技术，以期减少用户的使用障碍，进一步提升其服务质量。虽然Google的主页依然保持着清新质朴的风格，但是它推出的一系列新工具使我们的搜索活动变得更加简单高效，比如自动拼写检查、基于部分查询条目列出的预测结果，以及用户在输入部分信息后就已批量列出的搜索结果等等。很显然，Google就是希望用越来越简单的操作体验来留住更多的用户。

**图 11**

## 用 iPhone 来拍照

生活中的珍贵片段往往转瞬即逝，因此我们会希望借助相机来留住美好的记忆。但是，如果在你想要拍照时，相机不在手边，或者是相机太笨重，没能及时抓拍到，那这些珍贵时刻就会与我们擦肩而过。苹果公司意识到，想让自己的手机用户便捷地拍摄到更多照片，就有必要简化拍照步骤。因此，它将相机程序设置为在锁定屏幕上可直接打开，无须输入解锁密码。和其他需要经过一系列步骤才能进入拍照模式的智能手机比起来，iPhone 要简易得多。你只需轻轻一触，手机上的自带镜头就会开启。正因如此，iPhone 的拍照功能成为人们抓拍美好瞬间的不二之选（见图 12）。

**图 12**

## 和 Pinterest 一起滚动

如何才能让人们更轻松地浏览网页？ Pinerest 推行的办法是

"无限制滚动"。在过去，人们浏览网页时需要点击翻页并且等候稍许才能进入下一页，然而Pinterest打破了这个惯例。无论何时，只要用户已经浏览到页面的底端，下一页的内容就会自动加载上来，用户可以一口气不停歇地向下滚动图标来浏览信息和图片（见图13）。

图 13

上述例子进一步证明，简单的操作更容易让用户为你的产品付诸行动。

## 动机和能力——你该先解决哪一个？

找到了促使人们采取行动的触发，明确了何种行动应该变成人们的习惯，你接下来应该关注的，就是提高人们的动机和能力，以此来推动他们付诸实践。但是，你应该先解决哪一个方面？动机还是能力？哪一种选择才更对得起你付出的时间和金钱？

答案始终是：先解决能力问题。

当然，要想使单个的用户行为成为现实，B=MAT这一公式中的任何一个要素都不能少。没有明确的触发和强烈的动机，用户行为就不可能发生。但对于技术公司来说，是否能获得丰厚的投资回报往往取决于能否提高产品使用的简易度。

实际情况是，增强用户的使用动机往往耗时又费钱。访问网站的人们很少会去看上面的网站指南。他们的注意力会即刻分散到数个任务上去，根本没有耐心从那些解释性文字中了解自己为什么应该进入这个网站，以及怎样使用这个网站。相反，你应该简化操作过程，推动他们进行实践，这远比强化他们的动机、吊足他们的胃口要管用得多。要赢得人心，你首先得让自己的产品便捷易操作，让用户能够轻松驾驭。

## Twitter主页的演变

2009年，人们打开Twitter主页看到的，是杂乱无章的一堆文本和链接（见图14）。对于不熟悉它的新用户而言，这样的主页让他们无从下手。Twitter倡导的价值主张是"与朋友和家人分享你此刻的体验",但是用户对此并不认同,他们很纳闷,"为什么我要像个小喇叭一样四处通告自己的活动"?除非你很专注并且理解力一流,否则浏览Twitter主页只会让你不知所措。

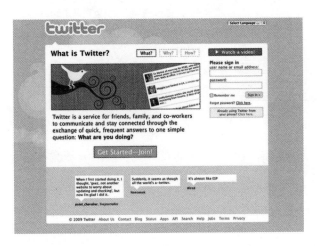

**图14**

　　一年之后,Twitter重新设计了主页,将自己的服务定位为"分享和发现正在发生的一切"(见图15)。尽管这个主页更多地将行动作为关注点,但在视觉上依然乏善可陈。更糟糕的是,用户在Twitter上最习惯做的,是搜索信息,但这压根儿就不是Twitter公司的初衷。管理层从早期用户那里发现,在Twitter上成为他人粉丝的这部分人群最有可能发展为固定用户,而在Twitter上搜索信息无益于实现这个目标。公司决定再次调整策略。

图 15

　　当 Twitter 进入快速发展阶段时，它的主页已经有了大幅度
的改观，界面清晰而简单（见图 16）。产品介绍本身就是短短的
140 个字符，而且内容也不再晦涩，不再要求用户把自己的一切
广而告之，取而代之的是"发现正在发生的一切，从现在开始，
从你关心的人和事开始"。

图 16

主页上，一群人在眺望远处灯火通明的某个地方，像是在举办音乐会或是足球比赛。这幅图景在唤起人们好奇心的同时，隐性地传递出了Twitter的价值主张。最让人叫绝的，是主页上两个醒目的"行为召唤"：登录或注册。Twitter以简单得不能再简单的形式，暗示用户采取下一步行动。它很清楚，与其在主页上絮絮叨叨推销自己，倒不如让人们真真切切地感受一番。

当然，有一个因素不可忽略，与2009年时相比，如今的Twitter已今非昔比。人们访问这个网站，更多的是因为它居高不下的人气指数。但无论如何，Twitter主页的演变向我们展示了该公司逐步发现用户需求的整个过程。2009年的Twitter主页以激发用户动机为目标。然而到了2012年，Twitter的战略重心转向了推动用户行为，因为就算用户十分熟悉Twitter服务，都不如亲自注册一个账号并且拥有自己的关注对象来得实在，只有推动他们付诸行动，Twitter才有可能变成用户生活中不可或缺的一个部分。

近日，Twitter的主页又发生了细微的变化，这一次，它的目的是鼓励用户在移动终端上下载应用程序（见图17）。以前那两个醒目的"注册"和"登录"框依然保留，但是Twitter很清楚，在移动设备无孔不入的今天，只有让用户在手机上下载移动客户端，才有可能最大限度地稳住老客户，发展新客户。

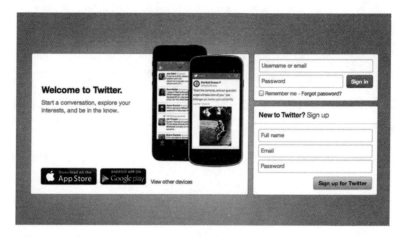

图 17

## 启发与感知

截至目前，我们已经就福格提出的核心动机和六条简单性元素做了探讨。这些动机和元素就像操作杆一样，指引着用户去实施某种行为。其实，它们也同样是人们在做出理性选择时经常考虑的因素。举例来说，当商品价格下调时，消费者的购买量会增加，这是经济学领域的一个基本知识。借助福格的公式来表达这个概念，那就是，下调价格有助于提升人们购买商品的能力。

虽然具有普遍性，但是，和有关人类行为的其他理论一样，这些原则也并不全面，例外依然存在。丹尼尔·卡尼曼是诺贝尔经济学奖得主，根据他在行为经济学领域的研究，人类行为并不一定总是遵照理性模式。就算人们多数情况下会更多地购买价格下调的商品，但也并不总是如此。

启发法有助于企业通过非常规的途径来刺激用户的动机，提升用户对产品的使用能力。所谓启发，是指我们的大脑利用过往的经验，在对事物做出判断的过程中抄了近道。尽管人们多数情况下意识不到启发法对其行为产生的影响，但它的确可以预测人们的行为。

## 稀缺效应

1979 年，沃切尔、李、阿德沃勒等几位研究人员进行了一次实验，他们将两个相同的玻璃罐摆在被试者面前[8]，往其中一个罐子里装了十块饼干，而另一个里面只装了两块。他们想知道人们会更珍惜哪一个罐子里的饼干。

虽然饼干没有差别，玻璃罐也一模一样，但被试者显然更珍惜几乎空着的那一罐里的饼干。物以稀为贵，这个观点影响了他们对饼干的价值判断。

对于这一现象的解释也是五花八门。有人认为，稀缺传递出一种信号，会让人们觉得，如果某个东西在数量上较少，那是因为其他人都认定较空的罐子里装着的饼干要更好。由于前提条件是两罐饼干的质量完全一样，所以数量的多少就成了人们眼中最有价值的信息，也就是说，稀缺性改变了他们的判断标准。

在实验的第二阶段，研究人员想要知道，如果饼干的数量突然增加或减少，被试者对饼干的价值判断是否会发生改变。他们在几组被试者面前摆放好分别装着十块和两块饼干的玻璃罐。接下来，他们会从装有十块饼干的罐中突然拿走八块，放入只有两块饼干的罐子里。这一变化会影响被试者的判断吗？

结果表明，稀缺效应依然存在。人们会更加珍惜突然变少的饼干，而对突然变多的饼干满不在意。事实上，面对突然增多的饼干，人们做出的价值判断比一开始就被分到十块饼干时的价值判断还要低。研究证明，当产品数量由少变多时，它在人们心目中的价值会降低。

亚马逊网站从一个相反的角度向我们证明，限制产品供应反而能增加销量。前不久，我想在该网站上选择一款DVD播放机，搜索结果显示，只剩下14台存货（见图18）。我搜索一本心仪已久的书，结果被告知也仅剩最后三本。这家全球最大的网络零售商真的能让所有产品都卖到脱销？还是在利用稀缺效应引导我购买？

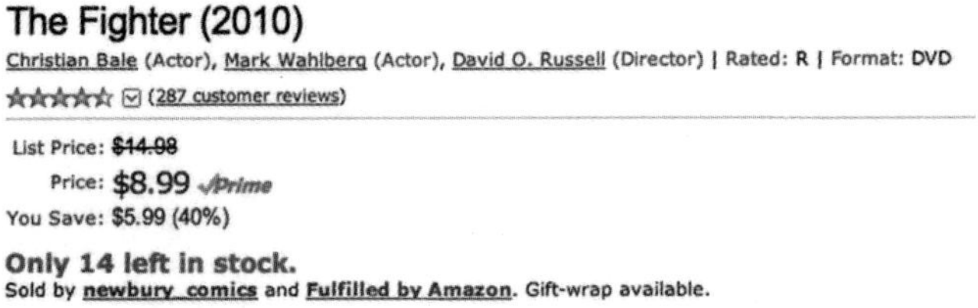

**The Fighter (2010)**
Christian Bale (Actor), Mark Wahlberg (Actor), David O. Russell (Director) | Rated: **R** | Format: DVD
★★★★☆ ☑ (287 customer reviews)

List Price: ~~$14.98~~
Price: **$8.99** Prime
You Save: $5.99 (40%)

**Only 14 left in stock.**
Sold by newbury_comics and Fulfilled by Amazon. Gift-wrap available.

图 18

## 环境效应

环境同样会影响人们的价值判断。在一次社会学实验中，世界级小提琴家约书亚·贝尔在华盛顿特区的一个地铁站进行了一场免费的音乐表演。[9] 要在平时，人们只有在肯尼迪艺术中心或是卡内基音乐厅这样的地方才能欣赏到贝尔的演出，单人票价高达上千美元。但是当演出地点改在了地铁站，他的音乐不啻对牛弹琴。几乎没有一个过路人意识到，他们视而不见的这个人，正是全世界最有才华的音乐家之一。

思维会根据我们所处的环境，在短时间内做出快速的判断，然而，这些判断有时候并不准确。贝尔在地铁站免费演奏时，几乎没有人驻足聆听。可同样的演出放在音乐厅，人们却不惜花高价去认真欣赏。

环境效应不仅会影响我们的行为，还会改变我们对快乐的感受。有人于 2007 年开展了一项研究，以期了解啤酒的价格是否会影响人们的畅饮感觉。[10] 研究中，被试者被要求坐在功能性磁共振成像仪上品尝啤酒。

仪器可以扫描到被试者大脑中不同区域的血流量。在被试者品尝啤酒时，研究人员会告诉他们每一种啤酒的价格。第一杯是每瓶 5 美元，然后依次上升，直至每瓶的价格达到 90 美元。有趣的是，啤酒的价格越高，他们喝得越开心。他们不仅坦承自己更喜欢高价啤酒，而且从仪器上看，他们大脑中负责愉悦感的区域出现了更强烈的波动，这与其心理感受完全吻合。几乎没有一个被试者发现，他们自始至终喝到的，都是同一种啤酒。这项研究表明，就算不存在任何客观差异，人们还是会因为预知的信息对产品产生判断误差。

## 锚定效应

走进服装店，人们经常会看到"打七折"、"买一赠一"这样的促销招牌。事实上，这些促销手段都是商家的营销策略，目的就是实现利润最大化。这些打折出售的衣服通常会在不打折的店里以更低的价格出售。前不久，我在一家商店见到Jockey牌背心在搞优惠活动，一包三件，折扣价是29.5美元。逛到别的地方时，我发现Fruit of the Loom牌的背心一包五件，售价是34美元。我快速心算了一下，发现这个不打折的商品实际上比打折的更便宜。

人们在做决定时，往往只被某一方面的信息所吸引。我差一点儿要买下打折商品时，心里最关注的，莫过于它有折扣，而其他品牌没有。正是这个差别，成了我做决定时所考虑的唯一因素。

## 赠券效应

为了鼓励顾客继续消费，零售商经常会给他们发放穿孔卡片。顾客的每一次消费行为都会以打孔的形式记录在卡片上，当打孔累积到一定程度时，顾客就有权享受一份免费赠品或服务。通常情况下，这些卡一开始都是空卡，一切消费行为从零开始计算。

如果商家在发卡时打过孔，那情况会怎么样？如果顾客知道他们的卡里已经有了一笔资本，那他们继续消费的可能性会不会更大？让我们通过下面这个实验来解答这个问题。[11]

两组顾客分别拿到了一张穿孔卡片，他们被告知，只要这张卡上所打的孔——也就是消费次数——达到规定的数字，他们就能享受一次免费的洗车服务。第一组顾客拿到的是一张空卡，要求是消费满八次赠送一次免费洗车。第二组顾客拿到的卡有所不同，要求顾客消费满十次才能享受一次免费洗车，只不过，这张卡上已经有了两次消费记录。这也就意味着，两组顾客都得消费八次才能获得赠品。然而，结果显示，第二组顾客——卡上已经免费打过两次孔的顾客，完成这八次消费的人数比第一组高出了82%。这一研究证明了目标渐近效应的存在，当人们认为自己距离目标越来越近时，完成任务的动机会更强烈。

LinkedIn和Facebook这类网站在让用户填写个人资料时，都利用了启发法来鼓励他们透露更多的个人信息。在LinkedIn上，用户开始时完成的进度是一样的（见图19）。到了第二个步骤，用户会看到"完善个人信息"的提示。随着用户填写的信息逐渐增多，显示条也会慢慢变长。LinkedIn很聪明地利用了个人信息完成条，而不是数字比例尺，这使得用户很直观地看到自己在向目标靠近。对于新用户而言，在LinkedIn上填写一份普通的个人简介并不麻烦。但即便是高级用户也仍然得完成附加的任务后才能缓慢地朝终极目标靠近。

**图 19**

＊　＊　＊

我们每一天都会在启发法的影响下于瞬间做出一些决定，只是大多数人并没有意识到这一点。心理学家认为，影响人类行为的认知偏差有上千种，而以上我们只是选取了其中四种来加以详解。[12] 对于设计者而言，要想让用户对你的产品爱不释手，最好先对这些认知偏差有所了解，并在设计产品时加以利用，因为它们可以有效地帮助你强化用户的动机，提高用户对产品的使用能力。

史蒂芬·安德森是《怦然心动：情感化交互设计指南》（*Seductive Interaction Design*）一书的作者，他发明了一个叫作 Mental Notes 的工具，可帮助设计者利用启发法更好地构思产品。[13]他所编写的 50 张卡片，每一张上都有对一种认知偏差的简要介绍，其目的是激发设计团队就如何利用这个偏差开展讨论。例如，他们可以集思广益，研究一下如何利用目标渐近效应或稀缺效应来促使用户行动起来。

在本章中，我们介绍了如何将用户从触发阶段引入行动阶段。我们还了解了认知偏差对人类行为的影响，以及如何通过简化使用过程来推动用户进入上瘾模型的下一个阶段。

　　既然已经带领大家熟悉了头两个阶段，那接下来，我就要揭秘最关键的一环——挠去心头之痒的"酬赏"阶段。用户究竟想要从产品中得到些什么？是什么原因让我们对某个产品或服务流连忘返？请接着阅读下一章。

## | 牢记并分享 |

○　行动是上瘾模型的第二个阶段。

○　行动是人们在期待酬赏时最直接的反应。

○　根据福格博士建立的行为模型：

1. 要促成某种行为，触发、动机和能力这三者缺一不可。

2. 要增加预想行为的发生率，触发要显而易见，行为要易于实施，
动机要合乎常理。

3. 人类行为不外乎受三种核动机的影响：追求快乐，逃避痛苦；追
求希望，逃避恐惧；追求认同，逃避排斥。

4. 时间、金钱、体力、脑力、社会偏差、非常规性等六个因素会对
用户的能力产生影响。能力还会因人因地而异。

○　启发法是指我们借助认知经验对事物做出快速判断。产品设计者
可以从上千种启发法中选择一些来获取灵感，提高产品的吸引力。

\* \* \*

### 现在开始做

参考你在上一章"现在开始做"环节的答案，完成以下练习：

▶ 假设你是用户，想象一下自己会在怎样的情况下对一个产品或服
务产生浓厚的兴趣。首先是感受他们的内部触发，最后想象他们
期待的结果。在获得酬赏之前，用户一般要经历哪几个阶段？这
个过程与本章列举的例子中呈现的简单性有什么不同？与竞争对
手相比，你的产品或服务有何特色？

▶ 是什么原因限制了用户完成某项任务的能力，而这一行为有可能

　变成他们的习惯？

　　时间

　　金钱

　　体力

　　脑力

　　社会偏差

　　非常规性

▶ 构想三种可验证的，能使用户更易于完成预期任务的方法。

▶ 考虑如何利用启发法来更轻松地促成用户的某种行为。

## 第四章

# HOOKED

### How to Build
### Habit-Forming Products

## 多变的酬赏：

### 满足用户的需求，激发使用欲

多变的酬赏

人们使用某个产品，归根结底是因为这个产品能够满足他们的某种需要。在前文中我们说过，如果产品的操作步骤简单易行，那么人们会更乐意亲身一试。但是，要想让用户试过之后还念念不忘，那就要看产品是不是能满足用户的需求了。在有关"触发"一章中我们提到，只有当用户开始依赖某个产品，并且把这个产品当作满足某种需求的不二之选时，他们与产品之间才能形成紧密的关联。

上瘾模型的第三个阶段叫作"多变的酬赏"。在这一阶段，你的产品会因为满足了用户的需求而激起他们更强烈的使用欲。这种带给人们满足感的"酬赏"，或称"多变的酬赏"，为什么会有如此巨大的能量？为了弄清这一点，让我们先对人类大脑来一次深度探秘。

### 何为"酬赏"

20世纪40年代，詹姆斯·奥尔兹和彼得·米尔纳在研究中偶然发现，动物大脑中存在一个与欲望相关的特殊区域。这两位研究者在实验室老鼠的脑部植入了电极，每当老鼠压动电极控制杆，它脑部一个叫作"伏隔核"的区域就会受到微小的刺激。[1] 很快，老鼠就依赖上了这种感觉。

奥尔兹和米尔纳通过研究证实，老鼠宁肯不吃不喝，冒着被电击痛的可能也要跳上通电网格，目的就是触压操纵杆让自己的脑部受到电击。数年后，另一些研究者对人类大脑进行了相同的实验，实验结果与老鼠实验结果惊人地相似，被试者别无旁念，只求能按动对脑部发出电击的那个按钮。而且，即便电源被切断，他们还是会继续尝试按动按钮。由于被试者没完没了地重复这个动作，研究人员只能强行拆下安装在他们身上的设备。

依据动物实验的观察结果，奥尔兹和米尔纳认为他们发现了大脑中的愉悦点。我们现在知道，其他一些让我们愉悦的事物也会对这一神经区块产生刺激。性爱、美食、价廉物美的商品，甚至是手头的电子设备，都会对我们大脑中的这个隐秘所在产生刺激，从而驱使我们采取下一步行动。

然而，近来越来越多的研究表明，奥尔兹和米尔纳的实验中导致大脑产生波动的并不是愉悦感本身。斯坦福大学的教授布莱恩·克努森利用功能性磁共振成像设备，测试了人们赌博时大脑中的血液流量。[2] 布莱恩和他的研究团队想要知道，在人们赌博时，大脑中的哪个区域更加活跃。观察结果出人意料。当赌博者获得酬赏时（在这个实验中，赢来的钱就是酬赏），伏隔核并没有受到刺激，相反，在他们期待酬赏的过程中，这个区域发生了明显的波动。

这说明，驱使我们采取行动的，并不是酬赏本身，而是渴望酬赏时产生的那份迫切需要。大脑因为渴望而形成的紧张感会促使我们重复某个动作，就像奥尔兹和米尔纳实验中的老鼠一样。

## 何为"多变"

如果你没在YouTube上观看过婴儿与狗初次相遇的视频片段，那不妨去看看。这些视频不仅搞笑，还反映出了一些有关人脑运行机制非常重要的信息。

一开始，婴儿脸上的表情好像在说："这个毛茸茸的东西在我的房子里干什么？它会不会伤害我？它接下来会干吗？"婴儿被好奇心所包围，不知道这个小东西是否会对它造成伤害。但是很快，当他发现小狗并不构成威胁时，开始咯咯地笑了起来。研究人员认为，笑声就像是一个释放紧张的阀门，当我们并不担心受到伤害，但是因不确定而觉得不安或是兴奋时，我们就会笑。[3]

视频中没有记录之后的情形。几年后，小狗身上曾经让孩子兴奋不已的特点已经不再有吸引力。孩子已经能预知小狗的下一个动作，所以觉得没有以前那么好玩了。如今他满脑子想的，都是翻斗车、消防车、自行车，以及所有能够刺激他感官的新鲜玩具——直至他对这些东西也习以为常。我们和小孩一样，如果能够预测到下一步会发生什么，就不会产生喜出望外的感觉。产品就像是孩子生活中的小狗，要想留住用户的心，层出不穷的新意必不可少。

人类大脑经历过上百万年的进化才得以帮助我们看清楚事物发展的规律。当我们看懂某种因果关系时，大脑会把这份领悟记录下来。在遭遇相同情境时，大脑能够快速地从记忆库中调取信息，寻找最合理的应对方法，而这，就是我们所说的"习惯"。在习惯的指引下，我们会一边关注别的事情，一边在几乎无意识的状况下完成当前的任务。

然而，当我们习以为常的因果关系被打破，或是当事情没有按照常规发展时，我们的意识会再度复苏。[4]新的特色激发了我们的兴趣，吸引了我们的关注，我们又会像初次见到小狗的婴儿一样，对新玩意一见倾心。

## 酬　赏

心理学家斯金纳在20世纪50年代开展过一项研究，试图了解多变性对动物行为的影响。[5]斯金纳先是将鸽子放入装有操纵杆的笼子里，只要压动操纵杆，鸽子就能得到一个小球状的食物。和奥尔兹与米尔纳实验中的老鼠一样，鸽子很快就发现，压动操纵杆和获得食物这二者之间存在因果关系。

在实验的第二阶段，斯金纳做了一点儿小小的变动。这一次，鸽子压动操纵杆后不再是每次都得到食物，而是变为间隔性获取。

也就是说，有时能得到，有时得不到。斯金纳发现，当鸽子只能间隔性地得到食物时，它压动操纵杆的次数明显增加了。多变性的介入使得它更加频繁地去做这个动作。

斯金纳的鸽子实验形象地解释了驱动人类行为的原因。最新的研究也证明，多变性会使大脑中的伏隔核更加活跃，并且会提升神经传递素多巴胺的含量，促使我们对酬赏产生迫切的渴望。[6]研究测试表明，当赌博者赢了钱，或是异性恋男性看到美女的图片时，大脑伏隔核中的多巴胺含量会上升。[7]

我们能够在各种具备吸引力的产品和服务中找到多变的酬赏。在它们的召唤下，我们会查看邮件，浏览网页，或是逛名品折扣店。依我之见，多变的酬赏主要表现为三种形式：社交酬赏，猎物酬赏，自我酬赏（见图20）。那些让我们欲罢不能的习惯养成类产品或多或少都利用了这几类酬赏。

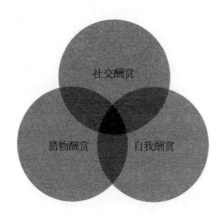

图20

## 社交酬赏

　　人类是社会化的物种，彼此依存。社交酬赏，抑或说部落酬赏，源自我们和他人之间的互动关系。为了让自己觉得被接纳、被认同、受重视、受喜爱，我们的大脑会自动调试以获得酬赏。这世上之所以存在大大小小的机构和组织，是因为人们能够借助它来巩固自己的社交关系。人们参加民间组织、宗教团体，或是观看体育赛事和电视节目，无不是期望从中寻找一种社交联结感，这种需要会塑造我们的价值观，影响我们支配时间的方式。

　　正因为如此，社交媒体才会受到大众如此热情的追捧。Facebook、Twitter、Pinterest 等网站为数以亿计用户提供的服务中，就包含了花样翻新的社交酬赏。人们通过发帖子，写推文，来期待属于自己的那份社交认同。社交酬赏会让用户念念不忘，并期待更多。

　　心理学家艾伯特·班杜拉提出的"社会学习理论"为社交网站的风行提供了理论上的注解。[8] 班杜拉认为，我们之所以会在社会生活中效仿他人，是因为我们具备向他人学习的能力。当看到他人因某种行为而得到酬赏时，我们跟风行事的可能性就更大。班杜拉特别指出，如果人们效仿的对象与他们自己很相似，或者比他们的经验略为丰富时，他们就特别容易将对方视作行为典范。[9] 对于 Facebook 和诸如 Stack Overflow 这样的行业网站来说，上述这类人群恰恰就是他们重点培养的目标客户。

　　以下是涉及社交酬赏的几个实例。

## 1. Facebook

在Facebook，用户可以体验到五花八门的社交酬赏。只要注册成功，他们就可以看到源源不断的分享内容，查看评价，关注众人交口称赞的东西（见图21）。用户无法预知下一次访问网站时会看到些什么，这种不确定性就像是一种无形的力量，推动着他们一次又一次地重新登录。

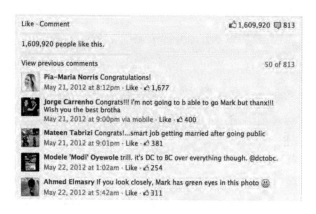

**图 21**

变化不定的内容驱使一些用户在信息流中不停地搜索新鲜内容，而对于内容提供者来说，他们的酬赏来自别人的点"赞"。点"赞"和发表评论是对这些内容提供者最好的肯定，正是在这种酬赏的激励下，他们才会继续写下去。

## 2. Stack Overflow

Stack Overflow是全球最大的软件技术问答平台，它和Quora、

Wikipedia 以及 YouTube 一样，都是依靠网站用户自愿提供的内容
来运作。用户每一天在网站上针对问题提供的回复多达 5000 条。
大部分回复内容详尽、技术含量高，很显然是作者用心写就。为
什么会有众多用户不惜将宝贵时间投入这样一份没有酬劳的工作
中呢？是什么样的动机促使他们将详解技术难题这样烦琐的工作
当成一种乐趣？

　　仍然是源于对社交酬赏的渴望。用户每提交一次回复，就能
从其他用户那里获得一次加分或者减分的机会。最佳回复的分值
会不断累积，构成该条回复作者的威望值（见图 22）。当威望值
达到一定标准时，这些作者就能获得代表特殊地位和特许权利的
勋章。当然，积攒威望值的过程充满变数，因为没有人知道自己
的回复能够得到多少人的支持和肯定。

**图 22**

Stack Overflow的成功说明，软件工程师和常人一样，都能从为自己关注的社区做贡献中获得满足感，在这个过程中，不确定因素将看似寻常的任务变成了诱人的游戏。用户在Stack Overflow上获得的威望值并不仅仅是一个空洞的游戏规则，还代表着一份特殊的荣誉，象征着该用户对网站所做的贡献。为其他软件程序员提供帮助并且赢得众人的尊敬，这对用户而言是一种妙不可言的体验。

## 3. 英雄联盟

"英雄联盟"是一款在线网络游戏，2009 年一经推出就收获了巨大的成功。只可惜好景不长，游戏开发商很快就发现了一个严重的问题：很多"捣蛋鬼"搅和进了这个网络视频游戏。这些"捣蛋鬼"利用玩家可以匿名的功能，扰乱游戏秩序，对其他玩家恶语相向。没过多久，英雄联盟网站就背上了"苛刻、粗鄙"的恶名。[10]一份行业主打期刊上这样写道："英雄联盟已经凭借两样东西深入人心，一是证明了免费游戏模式在西方世界的影响力，二是造就了一批心思歹毒的玩家。"[11]

为了打击这些"捣蛋鬼"，游戏开发商从班杜拉的"社会学习理论"中获得启发，给游戏设计了一个奖励机制，取名为"荣誉值"（见图 23）。玩家可以给他们认为光明正大的游戏行为奖励荣誉值。这种虚拟奖励倡导人们在网游中保持积极阳光的心态，表现最好的、最具有合作精神的玩家将因此受到大家的尊敬。由于荣誉值只能从其他玩家那里获得，所以也具有极大的不确定性。推出不久后，它就成为一种荣誉的标志，象征着集体赋予的一种崇高地位。玩家可以根据荣誉值判断出哪些人是"捣蛋鬼"，从而与其他玩家一起联手把这些害群之马踢出局。

**图 23**

### 猎物酬赏

多年来，科学家一直在尝试解答有关人类进化的一个核心问题：早期人类如何获取食物？大部分研究进化论的生物学家认为，食用动物蛋白质，是人类进化历史上一次里程碑式的事件。自此，人类的营养状况得到改善，大脑也更加发达。然而，有关早期人类狩猎的细节尚不明朗。[12] 我们只知道自己的祖先依靠双手制作出了捕猎用的矛和箭，但是资料显示，这些工具在 50 万年前出现 [13]，而人类食用动物的历史却长达两百多万年。[14] 那么，在没有工具的这一百多万年的时间长河中，人类究竟是怎样捕获猎物的呢？

　　根据哈佛大学进化论生物学家丹尼尔·利伯曼的观点，人类最初是靠长途奔袭来获取食物。远古时期，人们利用一种叫作"耐力型捕猎"的方法来捕杀猎物，如今，我们在少数尚未进入农耕时代的社会里依然能够见到这种捕猎法。生活在南部非洲的桑人捕获非洲大羚羊的方法，就类似于利伯曼所描述的早期人类的捕猎方法。人类通过捕猎的过程，从一个侧面解释了现代人对产品的那种依赖性。

　　在非洲大陆，桑人对猎物的追逐精彩开演了。他们先引开一只身形硕大的公羚羊，让它脱离大部队。公羚羊头部长有笨重的羚羊角，这使得它无法像母羚羊一样灵活地奔跑。接着，一名桑人猎手开始不紧不慢地追击这只落单的公羚羊。乍看起来，猎手似乎永远也追不上这只向前飞速跃起的大家伙。有时候，公羚羊还会躲进干燥的灌木丛，而猎手必须拼尽全力才能不弄丢自己的目标。

　　但是猎手很清楚，自己可以利用公羚羊的弱点来制服它。气力超凡的公羚羊在短距离奔跑时速度极快，但是覆盖全身的羚羊毛无法使它的皮肤像人的皮肤那样散热。利伯曼说过："四足动物无法在喘气的同时向前奔跑。"[15] 因此，当公羚羊停下来喘气时，猎手就可以借机靠近，目的不是抓捕，而是让对方在长距离的奔跑中渐渐耗尽体力。

　　在非洲大陆的似火骄阳下，公羚羊已经被连续追逐了 8 个小时，终于体力不支，倒在地上束手就擒了。身材精瘦、体重不过百斤的桑人猎手凭借耐力和智慧，耗尽了重达 500 多磅的大型动物的气力。他手脚麻利而又郑重其事地宰杀了眼前的战利品，为自己的孩子和部族同胞收获了一顿丰盛的晚餐。

靠两条腿奔跑，没有其他灵长类动物身上厚重的皮毛，这反而成了人类战胜大型哺乳动物的优势。稳定的追逐速度使人们有能力捕获大型的史前生物。然而，人类进行"耐力型捕猎"并不仅仅是因为身体条件更加有利，心理因素的影响也不可小觑。

在捕猎的过程中，猎手是为了追逐而追逐。这种心理机制有助于解释现代人需索无度的状态。桑人猎手追逐羚羊时，内心的执念在催促他不断向前；现代人没完没了购买商品时，同样受到了心中欲念的驱使。尽管原始人和现代人的生活天差地别，但大家对于猎物的渴求是相似的。

这就是"多变的酬赏"中的第二种类型：猎物酬赏。对具体物品——比如食物和生活必备品——的需求，是人类最基本的需求之一。只不过在现代社会，有钱就能买到食物，更甚者，信息也能转化为钱，所以食物不再是我们猎取的目标，取而代之的是其他一些东西。

早在电脑问世之前，人们就已经开始从猎物身上获取酬赏。但时至今日，我们可以看到数不清的事例都与"猎物酬赏"心理有关。人们追逐资源，追逐信息，其执着程度不亚于追逐猎物的桑人猎手。

下面几个成功吸引顾客的例子详尽地诠释了这一心理。

## 1. 老虎机

大部分人都知道，赌博中最大的获益方不是赌徒，而是赌场或者捐客。就像老话说的，"庄家总是赢家"。尽管如此，赌博业还是日进斗金，生意兴隆。

老虎机就是一个经典的例子，它充分利用了人们期望捕获猎物的心态。在美国，赌客们每天投入老虎机里的金额多达十亿美元。[16] 这种赌博游戏会时不时地让赌客赢一把，这对于期望中大奖的人们具有难以抗拒的诱惑力。当然，能否赢到钱完全不在赌客的控制范围内，但是追逐奖金的这个过程让他们心醉神迷。

## 2. Twitter

"信息流"已经成为很多在线业务的基本组成部分。源源不断出现在滚动屏幕上的信息就像猎物一样让人们不停追逐。Twitter上以时间顺序排列的信息流就是一个典型。它用日常的、相关的内容填满了这个空间。内容的多变性为用户提供了不可预测的诱人体验。有时，用户会在这个信息流上看到一条格外有趣的信息，而有时又看不到。但是为了继续这种狩猎的体验，他们会不停地滑动手指或是滚动鼠标，目的就是寻找多变的酬赏——相关内容的推文（见图24）。

图 24

## 3. Pinterest

Pinterest 是一家面向全世界、以每月新增 5000 万用户的惊人速度快速增长的网络公司。Pinterest 也有信息流业务，只不过它的信息全都是图片。[17] 网站上融汇了色彩丰富的各种图片，就像是虚拟世界中的一个大拼盘。这些图片由用户群负责选取和把关，每一张都引人入胜。

　　网站上的内容会随时更新，因此 Pinterest 的用户很难知道自己接下来会看到些什么。为了保持他们的好奇心，网站设计者想到了一个别出心裁的办法。用户在翻页时，下一页的图片会被截成两半，要想看到另一半，你就必须继续浏览。露出冰山一角的图片就像是一个诱饵，召唤着好奇心大发的人们。为了满足这份好奇，大家会继续滑动翻页，一睹神秘图片的全貌（见图 25）。随着越来越多的图片被加载，人们的这趟逐猎之旅将无休止地持续下去。

**图 25**

## 自我酬赏

　　"多变的酬赏"的最后一种类型，体现了人们对于个体愉悦感的渴望。在目标驱动下，我们会去克服障碍，即便仅仅是因为这个过程能带来满足感。很多时候，完成任务的强烈渴望是促使人们继续某种行为的主要因素。[18] 令人惊讶的是，就算人们表现得气定神闲，内心的这种渴望却从未止息。比如说拼图游戏爱好者。他们会为了完成一个桌面拼图而伤脑筋，甚至爆粗口。他们从拼图游戏中获得的唯一回报就是完成的满足感，寻找拼图的艰辛过程本身是他们着迷的根源。

　　人类对自我的酬赏源自"内部动机"，爱德华·德西和理查德·瑞安在其著作中对此概念做出过详细阐述。[19] 依据他们提出的自我决定论，人们在心怀其他欲望之外，还渴望"终结感"。如若给目标任务添加一点儿神秘元素，那么追逐"终结感"的过程将更加诱人。

　　以下一些例子有助于理解自我酬赏：

## 1. 视频游戏

　　玩视频游戏时，玩家努力掌握游戏技巧打通关的过程就是一种对自我的酬赏。升级、获取特权等游戏规则都可以满足玩家证明自己实力的欲望。

　　在风靡全球的网络游戏"魔兽世界"中，玩家会随着角色级别的升高而获得新的能力（见图26）。为了得到高级别武器，攻占未知的领地，增加角色的分值，玩家们会全情投入地沉浸于游戏中。

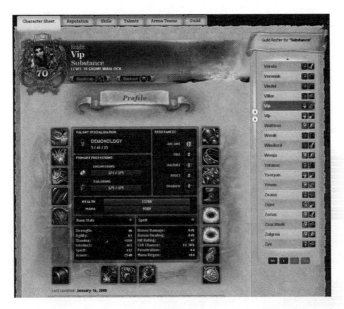

图 26

## 2. 电子邮件

并非只有网络游戏才能对人产生如此强大的诱惑力。平淡无奇的电子邮件同样也能激发人们对操控感和完成感的渴望，在这种渴望的推动下，收发邮件会变成一种习惯性的，有时甚至是不自觉的动作。你有没有发现自己会无缘无故地打开邮箱？也许你只是无意识地期待新消息。邮箱中未读邮件的数量对很多人而言就像是任务，一项有待他们去完成的任务。

但是，人们只有体验到终结感，才会觉得愉悦和满足。2013年，Dropbox以坊间风传的一亿美元高价收购了电子邮件应用程序Mailbox。据称，这款应用程序能够消除用户整理收件箱时的困惑感。[20]Mailbox会智能地将邮件分门别类放在不同的文件夹里，大大提高了用户实现"未读邮件为零"的可能性，即所有邮件都是已读（见图27）。当然，文件夹在筛选邮件时，会自动将低优先级别的邮件延后显示，但这会让用户觉得自己处理邮件的效率提高了。这正是Mailbox技高一筹的地方，因为它让用户体验到了掌控全局并终结任务的快乐。

图27

## 3. Codecademy

学习编程绝对是一件苦差事。在编写出真正有效的代码之前，一个软件工程师即便不用上几年，也至少要用上几个月的时间去埋头苦学编程技巧。很多尝试编写软件的人一开始可能会信心十足，但最终往往是不了了之，因为学习一种新的计算机语言这个过程实在是乏味至极。

提供编程指导的网站Codecademy独树一帜，给这个乏味的过程添加了一些趣味性和奖赏。这个网站提供手把手的教学，能够让用户学会制作网页、动画，甚至是编写网络游戏。传统教学模式中，学员要掌握编程技巧，必须得写完一整套程序，而Codecademy网站以交互模式开展的教学可以为学员编程的每一个步骤提供及时的反馈。在这里，学员只需启动纠错功能，就可以知道自己当前所写的编码是否有误。

获取新知的过程难免出错，而这，恰恰是Codecademy胜出的秘诀。用户在完成新的学习任务时，未解的难题就像是游戏中的关卡，吸引着他们迎接挑战，赢得犒赏。在难题面前，学习者有时候会赢，有时候会输。但是，随着能力逐级提高，他们最终会完成整个课程的学习。Codecademy针对不同学习阶段提供的这种即时反馈正是对自我的一种酬赏，它把学习编程的艰难过程转化成了让人渴望迎接的挑战（见图28）。

图 28

\*　\*　\*

# 有关酬赏的几个重要问题

## 多变的酬赏不免费

2007 年，Mahalo.com网站面世，这是一家以问答平台为主打业务的新网站。和以往的问答型网站不同的是，Mahalo 为了鼓励用户在网站上提问和答复，推出了自己的独门秘籍。

首先，在网站上发问的用户需要提供一笔"Mahalo 币"（虚拟货币）作为奖金。接着，其他用户可就此问题提交答案，最佳答案提交者将获得这笔奖金并可将其兑换为现金。Mahalo网站的创始人认为，这样的经济奖励有助于激发人们的参与热情并使之成为忠实的网站用户。

一开始，这一招的确奏效。新用户纷至沓来，最红火的时候，Mahalo的月访问量达到了1410万人次。[21] 只可惜好景不长，人们的参与热情很快冷却了下来。尽管他们能够从中获得酬赏，但是这种单纯的经济刺激手段似乎不具备持久的吸引力。

在Mahalo想方设法留住用户的同时，另一家问答型网站开始崭露头角。2010年，两名曾经就职于Facebook的员工成立了Quora网站。在极短的时间里，Quora就获得了大众的热捧。不同于Mahalo的是，Quora没有给提交答案者奖励过一分钱。为什么人们会无视Mahalo的经济奖赏，而宁愿去当Quora的铁杆支持者呢？

从Mahalo管理者的角度来看，给用户提供经济奖励可以促成他们与网站之间的紧密联系。毕竟，没有人嫌钱多，不是吗？但是，他们对于用户的心理动机只猜对了一半。

Mahalo最终发现，人们访问Quora网站并不是为了赚取奖金。如果说他们的行为触发仅仅是经济利益，那还不如直接去做小时工。此外，假如说他们是借此平台寻找一种游戏体验，就好比玩老虎机，那么无论是奖金的数额，还是赢得奖金的概率，都低得不值一提。

Quora之所以成功，是因为它准确把握了人们的心理。事实证明，人们对于社交酬赏以及同伴认同的渴望要远远大于对经济利益的期待。Quora设计的投票系统可以让用户对满意的答案投出赞成票，从而建立起一套稳定的社交反馈机制。比起Mahalo的经济酬赏，Quora的社交酬赏更有号召力。

仅仅是因为洞悉了人们真正在意些什么，这家公司就能恰到好处地将用户引领到自己设定的轨道上来。

日前，"游戏化"这一概念已被应用于不同领域，并且取得了相应的成功。人们把它定义为"在非游戏环境中对于游戏类元素的应用"。积分、奖章、排名榜等"游戏化"元素是否奏效，完全取决于它们是否能够抓住用户内心的"痛痒"。如果公司的产品或服务理念不能迎合用户的需求，那再多的"游戏化"元素都无济于事。同样地，如果用户没有任何需求，比如说不需要再次登录对他而言毫无价值的网站，那么"游戏化"元素也不会发挥任何功效，因为这个网站对于用户不具备实质性的吸引力。简而言之，"游戏化"并非是包治百病的良方，不一定总能药到病除。

多变的酬赏不是神仙水，设计者不能因为它的存在而期望产品在瞬间绽放光芒。在设计酬赏时，务必要考虑到用户使用该产品的原因，确保它与用户的内部触发和使用动机相吻合。

**保障用户的自主权**

凭借恰如其分的酬赏，Quora在问答型网站领域站稳了脚跟。然而，2012年8月，该公司做出了一个备受诟病的错误决定，这个错误同时也是我们在给产品添加多变的酬赏时需要防范的一个重要因素。

为了增强号召力，Quora在网站上添加了"可视功能"，可将所有浏览过某个问题或答案的访问者的真实身份显示出来。能够看到有哪些人浏览过自己添加的内容，这对于用户而言无疑是种新奇的体验。设想一下，如果是某个名人或者某个重量级的风投阅读过你的留言，那是不是很刺激？

结果却事与愿违。Quora在没有提醒用户他们的浏览记录将会公之于众的情况下，自动把这项新功能强加给用户。顷刻间，用户视若珍宝的匿名权利荡然无存，他们无法继续隐藏身份地在Quora网站上提问、回答或者是浏览一些私密问题了。[22]这一改变招来了用户的一片声讨，Quora只好在数周后作罢，放弃了这次新的尝试。[23]

从这个事件我们可以看出，Quora所做的功能调整有强加于人的嫌疑。虽然优秀的设计是以养成用户习惯为宗旨，但是拙劣的改变只会适得其反，而且还可能因此失去用户的信任。

在后面的章节中，我们会详细讨论产品设计中有关操控的道德问题，但是，抛开这一顾虑，我们会发现用户自主心理的影响也不容小视，它也会影响用户对于产品或服务的接受程度。

在一项研究中，研究者想知道，当一个陌生人用经过设计的特定话语向人们索要车费时，人们给出的金额是否会有不同。结果证明，他们设计的这个特定话语虽然简单，但极其有效，人们给出的金额是平时的两倍。

事实表明，这句特定话语不仅说服人们给出了更高的车资，还能有效提高人们在慈善捐款中所做的贡献，并推动更多的人志愿参与社会调查。近日，涉及 22000 名参与者的 42 项研究给出的综合分析表明，在向人们提出要求后追加上这句话时，人们会更容易表现出顺从的姿态，说"是"的可能性会翻倍。[24]

　　研究人员设计出的这句神秘话语就是：你有权接受，也有权拒绝。

　　仅凭一句"你有权"，人们就会更容易被说服，因为这句话进一步肯定了人们的选择权。它的影响力不仅存在于人们面对面的交流，在以电子邮件为媒介的交流中也同样管用。虽然该项研究并未直接证明这一策略在服务和产品研发中的重要意义，但是对于想要打造习惯养成类产品的公司而言，该研究无疑有不少可借鉴之处。

　　为什么提醒人们拥有自由的选择权，就像在上述调查中所做的，会产生如此巨大的影响力？

　　研究人员认为，那句简单的"你有权"卸去了我们本能的防御之心，我们不再有听命于人的不适感。假如你曾经因为母亲要求你添加衣物而眉头紧蹙，或是因为老板事无巨细地对你指手画脚而血压飙升，那么你就一定体验过心理学家所谓的"逆反心理"，即你在自主权利受到威胁时所产生的一触即发的反应。

　　然而，当对方提出要求的同时用熨帖的话语肯定你的自主权时，"逆反心理"就会不翼而飞。这一规律是否能够应用于产品设计，从而改变并驱动用户的使用习惯呢？以下两个例子给出的答案是肯定的，当然了，决定权始终在你的手上。

以培养更加健康的饮食习惯为例。很多美国人都把这作为一个基本的生活目标。在苹果应用商店里，键入关键字"节食"，你会搜索出 3235 个应用程序，每一个都承诺能帮你甩去多余的脂肪。在长长的应用列表上，名列榜首的是 MyFitnessPal，点评人数高达 350000。

几年前，我曾经动过减肥的念头，所以也下载安装了 MyFitnessPal。它很容易上手，我只需输入自己的食谱，就能得到程序基于我设定的减肥目标而给出的卡路里摄入量建议。

刚开始的那几天，我坚持在 MyFitnessPal 上一五一十地输入自己的饮食情况。如果说我以前想要记录自己的一日三餐时必须借助纸和笔，那么 MyFitnessPal 的存在的确给我省去了不少麻烦。

然而，在使用 MyFitnessPal 之前，我并没有关注自己卡路里摄入量的习惯，所以在最初的新鲜劲儿过去之后，它就变成了累赘。为一日三餐写日志既不是我的义务，也不是我当初下载这个程序的初衷。我想要减肥，而这个程序却在一个劲儿地让我记录自己的卡路里摄入量和消耗量。很快，我就发现自己一旦忘记输入某一餐的食物细节，就很难再继续发挥这个应用的效用，以至于那一天苦心经营的减肥食谱形同虚设。

没过多久，这种在手机上对自己饮食违纪行为供认不讳的做法就变成了强加于我的负担。没错，我当初是出于自愿安装了这个应用，希望它能帮助我实现减肥的目的，但是，这种动力随着时间的推移而慢慢消失，就连打开应用都嫌麻烦。养成一种怪异的新习惯——于我而言，就是记录自己的卡路里摄入量和消耗量——让我觉得自己是在被迫为之，而不是心甘情愿。在这样的事实面前，我要么臣服，要么放弃，最终我选择了放弃。

　　Fitocracy是截然不同的另外一款减肥软件。它的目标与同类软件相同，都是帮助使用者培养健康的饮食习惯，制订合理的训练计划。不同之处在于，用户从中感受到的是自主参与，而非不得已为之。

　　首先，Fitcracy和其他软件一样，也鼓励用户记录下自己的饮食和运动情况。但其高明之处在于，它清楚大部分用户都缺乏耐性，就像我使用MyFitnessPal的结果一样，除非我能从中体验到自主参与的愉悦感，否则很快就会对这样的应用失去兴趣。

　　所以，在我的逆反心理发作之前，Fitcracy就开始用"奖品"挽留我了。当我将自己的第一次运动记录上传至网站后，会收到其他用户发表的评论。在好奇心的驱使下，我再次登录，想看看有哪些人在这个虚拟的世界里为我叫好鼓劲儿。没过多久儿，我就收到一位名叫"mrosplock5"的女性用户发起的提问，她希望就跑步引起的关节疼痛问题获得一些防治建议。我在几年前出现过类似症状，所以就立即回复她："光脚跑步（或者穿最轻便的鞋子）治好了我的关节痛。这听起来很离谱，但事实的确如此。"

　　我本人使用Fitcracy的时间并不算长，但是对它上瘾的用户大有人在。它首先是一个在线社交平台，通过惟妙惟肖地再造真实世界健身房里人们叽叽喳喳的情景而虏获人心。在此之前，通过网络和志同道合的朋友进行交流早已司空见惯，但是Fitcracy将这种交流方式进一步简化，并且使人们从相互鼓励、交流经验和收获赞扬中获得安慰。一项近期研究表明，社交因素事实上是推动人们使用某项服务并将其推荐给亲朋好友的最重要因素。[25]

人人都渴望在社交生活中被接纳，而Fitcracy巧妙利用了人们普遍存在的这种与他人相联结的渴望，通过健身这个平台，让人们在轻轻松松掌握新工具、享受新特性的同时培养新的习惯。因此，Fitcracy的用户面临的选择就是，要么延续旧的行为习惯，要么接受Fitcracy稍做改动之后更易于让用户养成的新习惯。

公正地讲，MyFitnessPal也含有社交功能，其目的同样是吸引更多人参与其中。但是，与Fitocracy不同的是，它还没来得及展示自己的互动优势，就已被人们打入冷宫了。

很显然，现在断言众多的健康应用中究竟哪一个会最终胜出还为时过早，但是，请别忘记一个不争的事实，那就是最成功的消费者技术——能够改变数以亿计用户生活习惯的技术——从未"强迫"我们去使用它。我们之所以会忙里偷闲地上Facebook逗留几分钟，或是登录ESPN.com查看积分，也许是因为从中体验到了片刻的自主权，一种不必听命于老板或者同事的自由感觉。

只可惜，有太多的公司想当然地认为用户会乖乖照着它们的设计思路去使用产品，却没有意识到应该想用户之所想。这样的公司不可能改变用户的使用习惯，因为它们没能让自己的产品趣味十足，没能简化已有的使用模式，而只是一味地要求用户掌握新的、晦涩的技巧。

那些成功打造出习惯养成类产品的公司总是会潜移默化地影响用户，使他们在既有的行为方式和更便捷的改良模式之间做选择。由于产品保障了用户自主选择的权利，因此更容易被人们接纳，也更容易成为人们固定行为习惯的一部分。

无论是被动地去做我们本不想做的事情，就像被Quora强制使用它的"可视功能"，还是迫不得已接受一种陌生的行为方式，比如在MyFitnessPal上统计卡路里摄入量，都会让人们因自主权受到威胁而产生被束缚的感觉，其结果必定是愤然反抗。要想对用户的行为习惯产生影响，必须让产品处于对方的可控范围内，必须让他们心甘情愿地使用，而不是被迫为之。

## 有限的多变性

2008年，电视连续剧《绝命毒师》（*Breaking Bad*）开播，有人叫好，也有人吐槽。这部剧讲述的是一个名叫沃尔特·怀特的高中化学老师变为制毒高手的故事。在剧中，死亡人数随着剧情的展开不断增加，而收看该剧的观众人数也在不断上升。[26] 据统计，最后一季的第一集在2013年播出时，收看人数约有590万，截至该季结束时，这部剧的收视率打破了吉尼斯世界纪录。[27] 优秀的创作团队和演出人员自然功不可没，但是究其根本，这部电视剧的成功其实是缘于一个再简单不过的手段。

每一集——同时也是每一季的叙事主线——都围绕一个亟待主人公解决的难题展开。第一季中有这样一集，主人公沃尔特·怀特得想法子把两个毒贩仇家的尸体处理掉，其间出现了一连串的难题，接二连三的悬疑情节让观众迫不及待地想知道故事接下来会如何发展。当怀特发现其中一名毒贩还活着时，情急之下干掉了对方。和其他剧集一样，难题会在每集结束时得到解决，而另一个新的麻烦又会初露端倪，观众将带着好奇继续关注下一集的剧情。按照制作方的设计，你要想知道沃尔特如何走出上一集尾声中的困境，唯一的办法就是继续关注下一集。

从冲突爆发、疑点频现再到难题告破，这一套叙事手段再寻常不过，但每一个成功的叙事总包含一个核心元素，那就是多变性。引人入胜的未知情节和跌宕起伏的剧情设计让我们欲罢不能，所以一心期待下一集早日播出。研究人员发现，人们在看故事的过程中，会对主人公的喜怒哀乐感同身受，这种现象就叫作"同感体验"。[28] 当我们站在虚构人物的立场看问题时，会感受到他的行为动机，包括他对于社交、猎物和自我酬赏的态度。正因如此，移情作用会发生在我们身上。

但是，既然好奇心能够驱使我们与某些产品亲密接触，那为什么最终还是会兴味索然？许多人都曾经有过这样的体验，会因为一本书、一部电视剧、一个新的视频游戏或是电子设备而沉迷其中。然而，大部分人在几天或者几周后就热情不再。为什么多变的酬赏好似失去了功效？

　　根据我们对近年来市场信息的掌握，也许没有哪家公司能够像Zynga那样生动地诠释多变的酬赏那难以捉摸的特性了。Zynga开发了Facebook上的热门游戏"农场小镇"。2009年，这款游戏成为全世界玩家不可错过的一个经典游戏。凭借Facebook这个平台，该游戏以每月吸引8380万活跃用户的优秀战绩破了纪录。[29]照料庄稼是农场主人的分内事，因此用户最终必须花真金白银去购买游戏道具并提升等级。2010年，仅这一项给Zynga带来的创收就高达3600万美元。[30]

　　看似一路凯旋的Zynga紧接着将"农场小镇"的成功经验照搬到了新项目上。它接连推出了"城市小镇"、"主厨小镇"、"边境小镇"等数个以"小镇"为核心词的游戏，期待人们像当初追捧"农场小镇"时一样为之疯狂。截至2012年3月，该公司的股票价格大幅度上涨，公司市值高达100亿美元。

　　然而，同年11月，Zynga的股票价格下跌了80%。人们发现，它所开发的新游戏其实是新瓶装老酒，只是借用了"农场小镇"的外壳，所以玩家的热情很快消失，投资商也纷纷撤资。曾经引人驻足的创新因为生搬硬套而变得索然无味。由于多变特性的缺失，"小镇"系列游戏风光不再。

　　Zynga的故事告诉我们，要想使用户对产品抱有始终如一的兴趣，神秘元素是关键。"农场小镇"这类网络游戏最大的败笔就在于"有限的多变性",也就是说,产品在被使用之后产生的"可预见性"。尽管《绝命毒师》中的悬疑剧情吊足了观众的胃口,但是当谜团揭晓、大结局最终呈现之时,大家的兴趣也会慢慢消退。幕布落下后,还会有多少人从头再看一遍?了然于心的剧情会让重温之旅少了很多趣味。也许将来续拍时新的剧情会再度调动观众的兴趣,但是看过的剧情永远都不会像新鲜出炉的剧集一样引发收视热潮。多变性元素并非取之不尽,而且会随着时间推移变得可以预测,因此人们投入的热情也会降低。

从本质上来看,这些公司并不会因为有限的多变性而失去竞争优势,只不过是运营机制不同罢了。所以,它们必须不停地制造新的亮点去迎合消费者,以满足他们无尽的好奇心。好莱坞电影工业和视频游戏行业在这一点上不谋而合,都在经营中用到了所谓的"工作室模式",由财大气粗的企业为电影和游戏的制作与发行提供后援,至于哪些作品会成为接下来的热门,就无人可以预知了。

与之相反,给产品附加"无穷的多变性"则有助于人们保持持久的兴趣。例如,单人通关游戏中包含的是"有限的多变性"元素,而联机多人游戏则包含"无穷的多变性",因为整场游戏怎么玩全由玩家自己说了算。"魔兽世界"就是一款风靡全球的大型多人角色扮演类网络游戏,问世已有 8 年之久,至今依然拥有一千多万固定玩家。[31]与单人参与的"农场小镇"不同,"魔兽世界"强调团队作战,因此团队其他成员在游戏中的表现就成为不可预知的因素,而这正是其经久不衰的魅力所在。

人们看电视时是在享受内容，从中体验到的是"有限的多变性"，而创造内容的过程则蕴含着"无穷的多变性"。Dribbble 网站就是一个很好的例子。设计师和艺术家们通过这个平台来展示他们的作品，持久的参与热情恰恰来自网站上"无穷的多变性"。在这里，内容贡献者可以与其他艺术家分享自己的设计，交流自己的想法。当潮流趋势和设计范式发生变化时，Dribbble 的网页也会随之更新。用户在这里发表的内容千姿百态，异彩纷呈，而动态发展的网站始终会给他们带来新的惊喜。

诸如 YouTube、Facebook、Pinterest 和 Twitter 这样的网站都存在一个特性，那就是利用用户提供的内容来制造源源不绝的新意。当然，即便是这样的网站也不一定能确保自己永远是用户的宠儿。到了一定阶段，"新新事物"总会涌现，消费者总会移情别恋。然而，蕴含"无穷的多变性"的产品赢得用户忠心的胜算要更大，所以那些在多变性上不具备优势的产品必须经常更新换代才能跟上时代的步伐。

## 你该提供哪一种酬赏？

从根本上讲，多变的酬赏在吸引用户的同时，必须满足他们的使用需求。那些能够秒杀用户的产品或服务包含的酬赏往往不止一种。

在电子邮件业务中，社交酬赏、猎物酬赏、自我酬赏这三种类型都体现得淋漓尽致。想想看，是什么原因推动我们在无意识中打开邮件？首先，我们不确定会收到哪些人的邮件。出于礼貌，我们会回信，渴望与他人进行良性的互动（社交酬赏）。同时，我们也会对邮件中的内容充满好奇，想知道是否与自己职业发展的大计有关。查收邮件因而成了我们把握机会或是规避风险的一种渠道（猎物酬赏）。最后一点，邮件本身就是一项任务，我们得对它加以筛选、分类和整理。邮件数量会上下波动，这种不确定性会使我们觉得有义务让眼前的邮箱置于自己的操控之中（自我酬赏）。

正如斯金纳在 50 年前提出的，多变的酬赏是产品吸引用户的一个有力工具。洞悉人们为何会对产品形成习惯性依赖，这有助于设计者投其所好地设计产品。

但是，仅仅依靠投其所好并不足以使产品在用户心目中站稳脚跟。在上瘾模型中，除了反馈回路里的头三个阶段——触发、行动、多变的酬赏，还有最后一个重要步骤。在下一章中，我们将要了解的是"投入"，即人们为产品付出的时间、精力和社交投入会如何影响产品在他们心目中的地位。

## 牢记并分享

○ "多变的酬赏"是上瘾模型的第三个阶段，共包含三种类型：社交酬赏，猎物酬赏，自我酬赏。

○ 所谓社交酬赏，是指人们从产品中通过与他人的互动而获取的人际奖励。

○ 所谓猎物酬赏，是指人们从产品中获得的具体资源或信息。

○ 所谓自我酬赏，是指人们从产品中体验到的操控感、成就感和终结感。

○ 在自主权受到挑战时，我们会感到自己失去了选择的自由，通常会对某种新的行为习惯产生排斥。心理学家称之为"逆反心理"。因此，保障用户的自主权是吸引他们的关键。

○ "有限的多变性"会使产品随着时间的推移而丧失神秘感和吸引力，而"无穷的多变性"是维系用户长期兴趣的关键。

○ 产品中"多变的酬赏"在吸引用户的同时，必须满足他们的使用需求。

\* \* \*

### 现在开始做

参照上一章中"现在开始做"环节的答案，完成以下练习：

▶ 挑选 5 名用户进行开放式访谈，了解他们对你产品中的哪一个部分感兴趣。问问他们，在使用该产品时，是否有过喜出望外的体验，是否格外中意产品的某个特性。

▸ 定期审核产品或服务的使用步骤，想一想，哪一种方式能够减轻用户的负担？这种方式是否在满足用户需求的同时，还能让他们产生依赖？

▸ 为你的产品构想出三种吸引用户的酬赏方式：

社交酬赏——来自他人的认同。

猎物酬赏——资源、金钱、信息。

自我酬赏——操控感、成就感、胜任感。

## 第五章

# HOOKED

## How to Build
## Habit-Forming Products

# 投入：

## 通过用户对产品的投入，培养"回头客"

投入

在上瘾模型的触发阶段，我们已讨论过与适宜的内部触发保持一致的重要性。通过利用外部触发，设计者可推动用户采取下一个目的性行动。在行动阶段，我们已了解到，在期待即时回报的过程中，那些最不起眼儿的微小行动往往起着十分重要的作用。在有关酬赏的一章当中，我们看到，不同的酬赏结果会影响重复性消费。上瘾模型中的最后一个步骤对习惯养成类技术而言非常关键。要想让用户产生心理联想并自动采取行动，首先必须让他们对产品有所投入。

## 改变态度

在第一章中，我们了解到，在英国伦敦大学学院开展的一项有关使用牙线的研究中，研究人员认为，新行为的发生频次是形成一种新习惯的主导性因素。该研究还发现，形成新习惯的第二大要素是行为主体对新行为的态度变化。这一发现与第一章中所解释的习惯区间相一致，这说明，一种行为要想变成日常习惯，该行为必须有很高的发生频次和可感知到的实用性。在代表可感知用途的纵轴上，用户态度会逐渐向上发生变化，直到新行为变成一种习惯。

要使用户的态度发生改变，必须先改变用户看待新行为的方式。在本章中，我们将拨开迷雾，了解那些小小的投入将如何改变我们的看法，使各种新行为变成我们的日常习惯。

研究显示，一种被称为"投入增加"的心理现象会令我们做出各种怪异可笑的事情。投入所产生的巨大影响力不仅会令一些电子游戏迷玩到不省人事，甚至一命呜呼[1]，还被用以引导人们为慈善事业做更多贡献[2]，甚至曾被用来迫使战俘归顺。[3] 我们所做的各种投入会对我们本身产生强大的影响，并极大地影响我们所做的事情、所购买的产品以及所形成的习惯。

用户对某件产品或某项服务投入的时间和精力越多，对该产品或服务就越重视。事实上，有充分证据表明，用户投入的多寡与其热爱某项事物的程度成正比。

## 我们总会高估自己的劳动成果

在 2011 年开展的一项研究当中，丹·阿雷利、迈克尔·诺顿和丹尼尔·莫孔测量了劳动投入对人们重视事物程度的影响。[4]

一组美国大学生要根据说明折出一只纸鹤或纸青蛙。练习结束后，他们被要求购买自己的折纸作品，出价最低一美元。学生们被告知，可以从 0~100 之间任意选取一个数字。如果该数字超出他们的保留价格，他们将空手而归，如果该数字等于或低于其出价，他们按出价金额支付，即可获得折纸作品。与此同时，在另一个房间，另一组学生在不知道折纸创作者身份的情况下，被要求以相同的程序对那些折纸作品进行竞投。第三组学生被要求根据同样的标准对折纸能手制作的折纸作品进行竞投。

结果表明，自己动手折纸的人对自己作品的价值评估是第二组价值评估的 5 倍，几乎和第三组折纸能手制作的折纸作品价值一样高（图 29）。换言之，付出过劳动的人会给自己的折纸作品附加更多的价值，阿雷利将这种现象称为"宜家效应"。

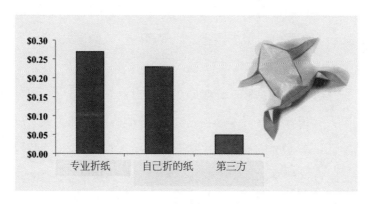

**图 29**

宜家是全球最大的家具零售商，销售价格合理的各式待组装家具。这家瑞典公司的主要创新之处在于产品的平板包装方式，该包装方式降低了公司的劳动成本，提高了配送效率，节约了仓库的存储空间。

与其他公司销售已组装完毕的家具不同，宜家让客户自己动手组装家具。原来，让客户投入体力劳动有一个看不见的好处。阿雷利认为，通过自己动手，客户对自己组装的家具会产生一种非理性的喜爱，就像折纸实验中的被试者一样。很多企业会利用用户的投入给自己的产品赋予更高的价值，其原因仅仅是用户曾为产品付出过努力，对产品投入了自己的劳动。

## 我们总会尽力和过去的行为保持一致

过去的行为会在多大程度上改变我们未来的行动？我们总认为自己可以按自己喜欢的方式自由行事，我们的判断不会受到自己过去行为的影响。但事实上，研究表明，我们过去的行为可以清晰准确地预知我们未来的行为。

一组研究人员要求一群城郊居民在自己住宅前立一个有碍观瞻的巨大标识牌，上写"小心驾驶"，分成两组参加测试。[5] 在第一组中，只有17%的被试居民接受了研究人员的要求，而在第二组中，同意将那个难看的标识牌立在院子里的居民多达76%。为什么会出现这么大的差距呢？两个被试小组条件完全相同，只有一个因素除外。

在要求立标识牌之前大约两周，研究人员曾找过第二组居民，要求他们在自家窗户上贴一个只有三英寸大小的标识，上写"平安行车"，几乎每个人都接受了这一要求。两周之后，研究人员返回，这组居民中的绝大多数都愿意将小标语换成立在房前草坪上的大牌子。

在同意贴小标识之后，房主们更容易接受在自家草坪上立一块有碍观瞻的大标识牌，这表明，人们总会尽力和过去的行为保持一致。那些微不足道的点滴投入，例如在窗户上贴一个小小的标识语，有可能导致未来行为发生巨大的变化。

## 我们总会避免认知失调

在一则经典的伊索寓言中，一只饥饿的狐狸无意中来到了挂满葡萄的葡萄藤下。狐狸垂涎三尺，但无论如何努力，它都够不着葡萄。狐狸断言葡萄肯定是酸的，自己根本就不想吃酸葡萄。

在这则故事中，狐狸通过改变自己对葡萄的看法来安慰自己，因为要承认葡萄鲜甜可口，而且近在眼前，但自己却怎么也吃不着这一事实会令狐狸心有不甘。为了调和这两种矛盾的想法，狐狸改变了自己对葡萄的看法，从而解除了心理学家称为"认知失调"的痛苦。

这种非理性看待事物的方式并不仅仅发生在儿童故事中那些虚构的动物身上，也发生在我们人类身上。

想想你第一次啜饮啤酒或品尝辛辣食物时的反应，觉得美味

吗？应该不太可能。我们的身体对酒精、辣椒素以及使辛辣食物
产生热辣感的化合物有一种本能排斥。可是，反复品尝之后，我
们会慢慢喜欢上这类口味。看到其他人喜爱这种口味，我们就会
多尝上几口，久而久之，我们会渐渐适应这种口味。为避免这种
不喜他人之喜的认知失调，我们会慢慢改变自己对过去不喜欢的
事物的看法。

＊　＊　＊

　　上述三种趋势影响着我们未来的行为。我们对事物的投入越
多，就越有可能认为它有价值，也越有可能和自己过去的行为保
持一致。最后，我们会改变自己的喜好以避免发生认知失调。

　　总之，我们的这类倾向会导致一种被称为"文饰作用"的心
理过程，这一心理过程会令我们改变自己的态度和信念，从心理
上进行调适。文饰作用会令我们给自己的行为找理由，即使这些
理由是人为编造出来的。

　　在 2010 年的行业会议上，著名游戏设计师兼卡内基·梅隆
大学教授杰西·谢尔列举了在线玩家的一系列古怪想法。[6] 谢尔
对网络游戏"黑手党战争"进行了研究。该游戏是社交游戏巨头
**Zynga** 公司大获成功的首批游戏之一，与"农场小镇"游戏一样，
吸引了数以百万计的玩家。

　　谢尔说："这里绝对含有大量的心理因素，因为如果有人说
'嘿，我们要制作一个基于文本的黑手党游戏，赚他个上亿美元'，
你的反应会是'你是在开玩笑吧'。你是这种心理吧？"谢尔的这

番话传达出当时游戏评论家们的普遍看法，这些评论家原本对基于文本的免费网络游戏持排斥态度，但Zynga利用人类的心理特点开发出了当时令人难以抵制诱惑的一款游戏产品。

"黑手党战争"是利用玩家在Facebook上的好友信息的游戏之一。"这不再只是一个虚拟世界，这里有你真正的朋友们。"谢尔说，"而且，你正置身其间，这有点儿酷……但紧接着，等等，怎么回事儿，我哥们儿竟然比我还厉害了，我该怎么超过他呢？好吧，那我就玩更长时间，或者只要支付20美元，哼哼，一切即可搞定！如果这20美元能证明我所了解的信息属实，而且还能让我超过我的大学室友史蒂夫，那就更棒了。"

谢尔接着说："文饰作用产生的心理想法，以及你为此所花的时间，你会开始相信，'这样做肯定值得。为什么呢？因为我已经为此花费了时间！'所以，这20美元花得肯定值，不信看看我为此花了多少时间吧。既然已经掏了20美元，那这笔钱一定会物有所值，因为只有白痴才会白掏20美元。"

谢尔对"黑手党战争"中这种离奇心理现象的描述向我们展示了人们改变自己喜好的奇怪逻辑。在盘算购买的时候，玩家承认将钱花在无益事物之上不是明智之举，然而，就像那只狐狸将葡萄说成是酸葡萄，以减轻自己吃不到葡萄的挫败感一样，游戏玩家会为自己的购买行为寻找理由，使自己相信自己并不愚蠢。唯一的解决办法就是不断掏腰包，以继续游戏。

导致行为变化的认知变化有助于我们改变对所使用的产品和

服务的看法。可是，能令用户不断投入的习惯养成类产品是如何设计出来的呢？一款产品如何才能让用户不断接受，直至将使用该产品变成自己的一种习惯呢？

## 点滴投入

在一个标准的反馈回路中，给出提示、采取行动和酬赏用户这三大步骤能够改变我们的即时行为。例如，一个装有雷达的标识可显示即时车速，从而有效达到让司机立即减速的目的。

但当涉及如何形成使用产品的习惯的时候，这一循环模式却有所不同。上瘾模型不只是改变过去行为的一套体系，还是一种旨在将用户的问题和设计者的解决方案联系在一起、使用户自发投入的设计模式，比起三步反馈模式，该模式更加复杂。

上瘾模型的最后一步是用户投入阶段，该阶段要求用户进行一些小小的投入。该阶段会鼓励用户向系统投入一些有价值的东西，以增加他们使用产品的可能性和完成上瘾模型的可能性。

与第三章中讨论的行动阶段不同，投入阶段与客户对长期酬赏的期待有关，与即时满足无关。

例如，在Twitter上，用户投入的表现形式是跟帖。跟帖不会带来即时回报，也不会颁发星星或徽章对跟帖行为予以肯定。跟帖是对服务的一种投入，这种投入会增加用户今后浏览Twitter的可能性。

与行动阶段形成鲜明对照的还有一点，投入阶段会增加摩擦。这无疑打破了产品设计界的传统思维，即一切用户体验都应该越"轻松简单"越好。这种看法基本上是正确的，正如在行动阶段我建议让目的性行为越简单越好。不过，在投入阶段，应该在用户享受过形式多样的酬赏之后再提出让其做一些小小投入的要求，而不是之前。要求用户进行投入的时机至关重要。在用户享受过酬赏之后向其提出投入要求，公司才有机会利用人类行为的核心特征。

在斯坦福大学研究人员开展的一项实验当中，两组人员被要求用电脑完成一项任务。[7]被试者一开始需要用指定的电脑回答一系列问题。提供给第一组的电脑在第一组成员回答问题时发挥了很大的帮助作用，而提供给第二组的电脑被更改了程序，提供的答案模糊不清，对小组成员几乎没什么帮助。完成任务之后，被试者转换角色，电脑机器开始在被试者的帮助下回答问题。

该研究发现，得到电脑有益帮助的小组回馈给电脑的帮助几乎是原来的两倍。这一结果表明，报答不仅仅是人与人之间存在的一种行为特征，也是人机交互过程中表现出的一个特征。毫无疑问，我们人类在进化过程中形成了回报恩情的行为

倾向，因为这会增强人类物种的生存能力。事实证明，我们对
产品和服务的投入，和我们对人际关系的投入都是出于同样的
原因。

投入阶段背后的大思路是利用用户的认识，即使用（个人投
入）越多，服务越好。就像一段良好的友谊，投入的努力越多，
双方受益越多。

## 储存价值

与现实世界中的物质商品不同，用以运行科技产品的软件可
以进行自我调节以适应我们的需要。为了让使用效果更好，习惯
养成类技术会利用用户对产品的投入增强体验效果。用户向产品
投入的储存价值形式多样，可增加用户今后再次使用该产品的可
能性。

### 内容

使用苹果公司音乐软件 iTunes 的用户只要添加歌曲到自己的
收藏中，就会强化自己和该服务之间的联系。播放列表中的歌曲
就是一例，该例说明内容可以增加服务的价值。无论是苹果的
iTunes，还是该软件的用户都不创建歌曲，尽管如此，用户添加
的歌曲内容越多，音乐库就越有价值（图30）。

**图 30**

　　将内容和一项服务相结合之后，用户就可以利用自己的音乐和iTunes软件做更多事情，还能了解自己的音乐喜好，从而在使用软件过程中更得心应手。随着用户的持续投入，多种苹果设备上就会有更多歌曲可供欣赏。2013 年的时候苹果公司就透露，新的iTunes音乐广播服务会将根据用户们在iTunes中收藏的音乐类型为其提供个性化音乐推荐服务。这一新功能再次说明，技术可以根据使用者的投入进行自动调节和改进。

　　内容还可以由享受服务的用户创建。例如，每一次更新状态、点赞、在Facebook上共享照片或视频，所有这些行为都会进入用户的历史记录，告诉我们他过去的经历和各种人际关系。当用户继续分享与服务有关的信息或与之进行互动的时候，其数字化生活就会被记录下来并存档。随着时间的推移，汇总了各种回忆和经历的收藏会变得更有价值。随着用户对网站的个人投入不断增加，要放弃这些服务就会变得更加困难。

## 数据资料

用户生成、收集或创建的信息，例如歌曲、照片或新闻剪报，都是具有储存价值的内容。但有时候，用户是通过主动或被动地添加有关自己或自己行为的数据资料对某项服务进行投入。

在商务化社交网站LinkedIn上，用户的在线简历体现了具有储存价值的数据资料概念。每当求职者使用该服务，他们就会按提示添加更多信息。LinkedIn公司发现，用户向网站输入的信息越多，其光顾网站的频率就越高。正如LinkedIn公司早期一位高级产品经理乔希·艾尔曼跟我说的一句话："如果我们能让用户输入哪怕一点点信息，他们变成回头客的可能性都会更大。"只要和提供更多的用户数据资料有关，即使点滴努力都会打造出一个强有力的钓钩，将人们牢牢钓回服务之中。

Mint.com是数千万美国人使用的一种在线个人理财工具。该服务将所有用户的账户集中在一起，让用户全面了解自己的财务状况，但前提是他们要向该服务投入时间并提供自己的数据资料。Mint提供多种机会让用户根据自己的具体要求自定义网站，使网站在使用过程中变得更有价值。例如，链接账户、对交易进行分类，或创建一个预算，这些形式多样的行为都属于投入。数据资料收集得越多，服务的储存价值就越大（图31）。

图 31

## 关注者

2013 年 11 月 7 日早晨，Twitter进行首次公开募股（IPO），彭博电视频道一位新闻评论员说，"创建公司所需要的技术一天之内就能建成"[8]。事实上，他说的没错。Twitter是一个简单的应用程序。只要稍稍掌握一点儿基本的编程技能，任何人都能建立起价值数十亿美元的一模一样的社交媒体帝国。

事实上，一些公司曾经尝试取代大受欢迎的Twitter。其中最引人注目的一次尝试来自一位对Twitter心怀不满的开发者，此人决定建立一个没有广告的App.net，以替代Twitter，科技行业的许多观察家都认为该产品实际上比Twitter更好。但是，与其他企图复制服务的尝试一样，App.net并没获得成功。这是为什么呢？

　　召集人们在Twitter上跟帖，同时聚揽大批关注者，这一服务模式赋予了Twitter巨大的价值，也是牢牢吸引Twitter用户的关键（图32）。

**图32**

　　从该模式的关注者一方来看，Twitter用户对自己关注对象的关注频率越高，该服务提供的有趣内容就越多。用户关注重要人物时的投入会增加产品价值，其投入方式是在自己的推文中展示更多有趣的相关内容。这种投入方式也可为Twitter提供有关用户的大量信息，从而提高整体服务质量。

就Twitter招徕关注者而言，用户拥有的关注者越多，Twitter提供的服务价值就越高。在Twitter上创建内容的用户会努力让尽可能多的人关注这些内容。合法获得新关注者的唯一途径是发送推文，让他人产生兴趣，并由此开始关注推文发送者。因此，要想获得更多关注者，内容创建者必须有所投入，带来更多、更好的推文。根据这一循环模式，对关注对象和关注者而言，使用该服务越频繁，服务价值就越高。对许多用户来说，改换服务意味着放弃自己多年的投入，一切重新开始。对自己辛辛苦苦建起并精心呵护维持的关注群，没有人舍得放弃。

## 信誉

信誉是用户可实际应用于银行的一种价值储存形式。在线市场上，例如易趣（eBay）、跑腿兔（TaskRabbit）、Yelp以及空中食宿（Airbnb），评分为负数的用户和那些有着良好信誉的用户所受待遇大不相同。易趣上的卖家对其商品要价几何、跑腿兔上选择谁来跑腿、哪家餐馆会出现在Yelp搜索结果的最顶部、空中食宿上房间出租价格的高低，所有这一切往往由信誉决定。

在易趣网上，买家和卖家都非常重视自己的信誉。易趣网会向所有买家和卖家显示用户打出的质量评分，给最活跃的用户颁发徽章，以示他们的可信度。信誉差的卖家会很难和信誉评级高的卖家一争高下。作为一种储蓄价值，信誉可以增加用户使用某种服务的可能性。无论是买家还是卖家，信誉会增加用户坚持使用服务的可能性，因为他们已投入大量精力以保持高质量评分（图 33）。

**图 33**

## 技能

投入时间和精力学习使用一项产品是一种投资和储存价值。一旦用户掌握了某种技能，使用服务不仅变得更轻松容易，还会推动用户朝福格行为模式中能力横坐标轴的右侧偏移（福格行为模式在第三章中已讨论过）。正如福格所描述的那样，非常规性是一个简化因素，越熟悉某一行为，用户继续该行为的可能性就越大。

例如，Adobe Photoshop 是世界上使用最广泛的专业图形编辑程序，该软件可提供数百种先进功能用于创建和操作图像。起初，学习这一程序很难，但随着用户对产品越来越熟悉——往往花很长时间观看教程演示、阅读操作指南——他们使用产品的专业知识会越来越丰富，使用效率会越来越高，还会获得一种成就感（自我酬赏）。然而，对专业设计人员而言不幸的是，用户的这种技能性学习大多无法转化为竞争性应用。一旦用户努力掌握了某项技能，他们就不太可能改弦易辙，转而使用另一竞争性产品。

＊　＊　＊

与上瘾模型中的其他阶段相同，投入阶段操作起来也需要小心谨慎。投入并非一种让用户去完成繁重任务的全权委托工具。事实恰恰相反。正如第三章中所描述的行动阶段一样，要想让用户在投入阶段按设计意图采取行动，产品设计者必须考虑用户是否有足够的动机和能力去实现该行为。如果用户在投入阶段没有按设计者意图采取行动，原因也许是设计者对用户要求太多。我的建议是，将设计者希望用户所做的投入逐步分解成小块任务，先从小而简单的任务开始，然后在上瘾模型的连续循环过程中逐步加大任务难度。

正如我们刚才所见，用户在投入阶段为服务储存了价值。但在投入阶段所发现的另一个重要时机大大增加了用户成为回头客的可能性。

## 加载下一个触发

正如第二章所述，各种触发因素会将用户拉回产品身边。最

终，习惯养成类产品会创建一种和内部触发相关的心理联想。但
要形成习惯，用户必须首先经历上瘾模型的多次循环。因此，必
须利用外部触发因素将用户再次拉回，开始另一个循环。

习惯养成类技术利用用户过去的行为为今后启动一个外部触
发。在投入阶段，用户设置未来触发为公司提供了一个让用户再
次参与的机会。接下来，我们将探讨几个例子，看看公司在投入
阶段怎样帮助用户设置下一个触发。

## 1. Any.do

留住用户对任何企业而言都是一个挑战，尤其是在消费者移
动应用领域。某移动分析公司的一项研究表明，2010 年，移动应
用程序的下载比例是 26%，但这些下载的应用程序仅被使用过一
次。[9]进一步的数据表明，人们正在使用的应用程序越来越多，但
反复使用这些应用程序的频率却越来越低。[10]

Any.do 是一款简单的手机任务管理应用程序，用于记录待办
事项，例如送取干洗衣物、添购牛奶放在冰箱里，或给妈妈打电
话。由于认识到要留住善变的移动用户很难，该应用程序直接设
计让用户早早开始投入。第一次使用该应用程序时，Any.do 会以
很简练的方式教授用户如何使用该产品（图 34）。这时触发会以
应用程序中清晰明确、易于遵循的指令形式出现，此后用户只需
按照应用程序的指示去做即可。形式多样的酬赏形式包括一条祝
贺信息和掌握应用程序的满意度。

**图 34**

接下来是投入。新用户根据指示将应用程序和自己的日历服务连接起来，授权 Any.do 访问用户日程表。这样做的时候，用户就授权给应用程序在下一个定期会议结束之后发送一条通知。这一外部触发会提示用户返回应用程序，将自己刚刚参加会议的后续任务记录下来。在 Any.do 搭建的情景中，在用户最有可能体验到内部触发——担心会议结束后会忘记执行某一后续任务而引发的焦虑感——的时候，应用程序会给用户发送一个外部触发。Any.do 应用程序已经预见到用户的这一需求，从而为用户开辟了一条成功之路。

## 2. Tinder

2013 年中，一家热门的新公司进入了竞争激烈的在线约会市场。该公司的交友应用程序 Tinder 以其简单的界面迅速俘获了数百万寻找爱情的人的注意力，每天从 3.5 亿点击者中匹配出 350 万对爱慕者。[11] 启动移动应用程序并在 Facebook 上注册之后，用户就可以浏览其他单身用户的个人资料。每一个匹配对象都会以图片形式展示出来，如果对其不感兴趣，就点击左边按钮，如果某个人令你特别心动，就点击右边按钮（图 35）。如果双方都表示有兴趣，那就配对成功，两个有可能共沐爱河的人可以进行私聊。

**图 35**

通过简化分类筛选意中人的过程，Tinder 用户每点击一次，加载下一个触发的可能性就越大。点击越多，匹配的成功率就越高，当然，每一次匹配都会向中意的双方推送通知。

### 3. Snapchat

截至 2013 年 6 月，一款广受欢迎的照片共享应用程序 Snapchat已拥有 500 万每日活跃用户，每天发送的照片和视频数量超过 2 亿。[12] 庞大的规模意味着每一位 Snapchat 用户每天平均发送 40 张照片！

用户为何如此痴迷于 Snapchat 呢？在很大程度上，Snapchat 的成功可归因于一个事实，即用户每次使用服务都会加载下一个触发。Snapchat 不仅仅是一种共享照片的方式，还是一种类似于发送短信的交流手段，它有一个内置计时器，可根据照片发送者设定的时间使照片在阅览后自动销毁。每当用户发送自拍照、涂鸦照或呆傻照的时候，他们就进入了上瘾模型中的投入阶段。用户发送的每张照片或视频隐含着一个要求回应的提醒，Snapchat 界面使回复照片变得异常简单，只需双击原始照片即可。Snapchat 的自动销毁功能可以鼓励用户及时回应，用户每发送一条照片信息就会加载下一个触发，这种方式将用户牢牢地吸引进来。

### 4. Pinterest

像许多社交网络一样，Pinterest 也是在投入阶段加载下一个触发。该网站每月有 5000 万用户，对其中许多用户而言，图片墙（pinboard）不仅改变了他们浏览时尚网站的习惯，也改变了他们在该网站出现之前翻阅杂志或自己最喜欢的、已经卷了边儿的书籍的习惯。[13]

对用户而言，内部触发往往乏味无聊，为此该网站提供了一个快速打发无聊的应对方案。用户一旦注册，唯一要做的就是滚动屏幕，因为 Pinterest 可以展示海量的各种图片。Pinterest 将有意思的图片收集在一起用于社交，用户在搜寻自己感兴趣的目标时，即使这些目标仅仅是图片，网站会间歇性地展示一个很有分量的酬赏。网站还提供一种与朋友以及与自己有着相似品位的人进行交流的手段。用户通过发布各种各样的图片进行交流便可获得人际酬赏。用户也许好奇，想知道朋友贴了什么图片，这不仅仅因为图片本身的吸引力，还因为他自己和图片张贴者之间的关系。

Pinterest 用户任何时候张贴图片、转贴他人的图片，或是对网站上的图片进行评价或点赞（图 36），都是对网站的一种投入。所有这些微小的投入都为 Pinterest 提供了资料数据，使其能根据每个用户的个人喜好调整网站，同时加载下一个触发。每当有用户参与话题，并由此触发再次访问网站以了解更多信息的愿望的时候，他上传的每一张图片、转贴的图片，或每一条评论都会默许 Pinterest 向创建话题的用户推送一条通知。

**图36**

Pinterest清楚地展示了上瘾模型的四个阶段。Pinterest是一个连续不断的流程，从推动用户采取目的性行为的内部触发（渴望）开始，通过各种酬赏，最终到达用户投入阶段，同时给用户加载下一个外部触发。Pinterest用户会从头至尾经历这一流程，然后愉快地返回起点，开始下一轮循环。

在本章当中，我们已了解到，用户对产品的投入可像钩子一样，将用户牢牢钩住。为了牢牢抓住用户，习惯养成类技术利用用户每一次经历上瘾循环的过程增加产品价值。通过连续不断的上瘾循环，用户和产品的联系会越来越密切。用户会越来越依靠产品为自己解决问题，直到形成新的习惯和新的日常行为。

用户通过点滴努力向产品投入的越多，该产品在其生活中的价值就会变得越大，他们对该产品用途的质疑就会越少。当然，用户并不会永远被牢牢钩住。不变的规律是，更了不起的新产品总会出现，伸向用户的钓钩也会更完美、更强劲有力。不过，利用用户对产品或服务的投入创建用户习惯的做法使用户很难转投至其他公司产品的怀抱。用户习惯很难打破，对那些幸运的公司而言，用户习惯能赋予它们强大的竞争优势，使其成功地创建习惯。

# 牢记并分享

○ 投入阶段是上瘾模型的第四个阶段。

○ 行动阶段使用户即时获得满足，而投入阶段主要与用户对未来酬赏的期待有关。

○ 对产品的投入会令用户形成偏好，因为我们往往会高估自己的劳动成果，尽力和自己过去的行为保持一致，避免认知失调。

○ 用户只有在享受了各种酬赏之后才会对产品进行投入。

○ 用户对产品的投入不仅可改进产品服务质量，增加用户再次使用产品的可能性，还能令储存价值以内容、数据资料、关注者、信誉或技能等形式自然增长。

○ 用户投入可通过加载下一个触发的方式令用户重新开始上瘾循环，从而增加了用户反复进入上瘾循环的可能性。

\* \* \*

## 现在开始做

参考上一章"现在开始做"部分你想出的答案，完成以下练习：

▶ 查看你的上瘾流程，看看你的用户正在做哪些"点滴投入"？其中哪些投入可以增加他们成为回头客的可能性？

▶ 想出三种方式令用户对你的产品进行小小的投入，以实现：

▶ 加载下一个触发；

将储存价值以数据资料、内容、关注者、信誉和技能的方式显现出来；

确定"加载一次触发"需要多长时间才能令你的用户成为回头客。如何减少拖延以缩短上瘾循环周期？

## 第六章

# HOOKED

## How to Build
## Habit-Forming Products

# 上瘾模型与道德操控

上瘾模型的设计目的是将用户遇到的问题和设计者的解决方案频繁联系在一起，以帮助用户形成一种习惯。该模型是一个开发产品的框架，所开发的产品通过用户的长期参与可解决用户需要。

用户进入上瘾循环之后，会逐渐学会利用习惯养成类产品满足自己的需求。有效的钓钩会令用户从依赖外部触发转向利用内部触发给予自己心理暗示，从低参与度转向高参与度，从弱势偏好转向强势偏好。

现在你可以利用上瘾模型询问自己关于如何让用户上瘾的五个基本问题：

1. 用户真正需要什么？你的产品可以缓解什么样的痛苦？（内部触发）

2. 你靠什么吸引用户使用你的服务？（外部触发）

3. 期待酬赏的时候，用户可采取的最简单的操作行为是什么？如何简化产品使该操作行为更轻松容易？（行动）

4. 用户是满足于所得酬赏，还是想要更多酬赏？（多变的酬赏）

5. 用户对你的产品做出了哪些"点滴投入"？这些投入是否有助于加载下一个触发并储存价值，使产品质量在使用过程中获得提升？（投入）

* * *

## 道德操控

现在情况如何呢？既然你已了解了习惯养成类产品的模式，你会如何利用这方面的知识呢？

在阅读本书过程中，你也许会问自己，上瘾模型是否是一个操纵用户的模型？也许你会觉得有点不安，认为自己所读像一本有关精神控制的说明书。如果你有这样的感觉，那就太好了。

上瘾模型基本上是关于改变人们行为模式的，但是，在用于开发有吸引力的产品时应该谨慎。培养习惯既能成为推动美好生活的一种正向力量，也能被利用去达到邪恶的目的。在创建用户习惯的时候，产品制造商究竟应该承担什么责任呢？

我们必须承认，我们所有人都身处劝导性商业之中。[1]技术人员开发产品的目的是说服人们按照其意愿行事。我们称这些人为"用户"，即使我们不大声说出来，我们也会暗自希望他们对我们制造的所有产品产生兴趣。我想这很可能就是你开始读这本书的原因。

用户带着我们的技术产品进入梦乡。[2]一觉醒来，他们忙着查看通知、推文、更新状态，有时甚至顾不上问候家人一声"早上好"。著名的游戏开发者兼教授伊恩·博格斯特将习惯养成类技术这股潮流称作"本世纪的烟草"，他警告说这种技术有很大的副作用，它像烟草一样会令人上瘾，并具有潜在的破坏性。[3]

你也许会问："什么情况下操纵用户是不对的？"

操控是经过精心设计，以改变他人行为为目的的一种体验，我们都知道被操控的滋味。当我们感到有人正试图让我们做一些自己不愿做的事情时，就会感到不舒服，就像坐在汽车里不得不一路忍受推销员喋喋不休的推销辞，或听一段枯燥乏味的分时陈述一样。

然而，操控也并非总是一无是处。如果它果真毫无益处，为什么有那么多的企业依靠甘愿被操控的用户能够坐拥数十亿美元的巨额资产？

如果操控是为了改变他人行为而精心设计的一种体验，那么减肥网站慧俪轻体（Weight Watchers）完全符合这一定义。[4]慧俪轻体是有史以来操控大众消费者最成功的产品之一，其消费者的决定受系统设计者的操控，可是却没有任何人对该网站的道德操守提出质疑。

可这有什么区别呢？为什么通过闪烁不停的网络广告或令人

痴迷的视频游戏操控用户被认为是令人反感的做法，而严格的食物配给系统却为人称道呢？虽然很多人将慧俪轻体看作一个可接受的操控用户模式，但我们的道德指南针尚未赶上最新技术所带来的科技进步。

随时随地可以访问网络，大量的个人信息以更快的速度进行传递，这一切使我们陷入了一个令我们更容易痴迷上瘾的世界。硅谷著名投资人保罗·格雷厄姆认为，我们尚未来得及发明"抵御上瘾性新事物的社会抗体"。[5]格雷厄姆将责任归在了用户身上，"除非我们想成为新上瘾性产品牢笼里的金丝雀——以自身惨痛经历为未来的人们提供经验教训——否则我们必须搞清楚自己要避免什么，以及如何避免"。

可是这和那些制造操控体验的人有什么关系呢？毕竟，开发这些往往会令人上瘾的习惯养成类技术产品的企业也是由普通人组建而成，这些普通人都有是非对错的道德感。他们也有家人和孩子，他们的家人和孩子更容易受到操控。因此，我们这些既懂技术又懂营销的双料人才和用户行为设计者对用户、对下一代人，乃至对我们自己必须承担什么样的责任呢？

随着个人技术越来越普及、越来越令人痴迷，一些业内人士提出建立一套道德行为守则。[6]其他人则有不同看法，《设计出来的邪恶》（*Evil by Design*）一书的作者克里斯·诺德写道："如果符合人们的最佳利益，或者如果人们以上当受骗为说服策略的一部分，那么骗人便没什么要紧。"[7]

我这里有一个叫作"操控模式"的简单的决策支持工具，可供企业家、员工以及投资者在产品出厂前或道德行为守则写好之前使用。该操纵模式并不打算回答诸如哪些企业讲道德或哪些企业会取得成功这样的问题，也不说明哪些技术能或不能培养用户使用习惯，而是旨在帮助你回答问题"我应该去牢牢抓住我的用户吗"，而不是"我能牢牢抓住我的用户吗"。

要使用该操控模式（图37），制造商需要问两个问题，第一个问题是"我自己会使用这个产品吗"，第二个问题"该产品会帮助用户大大提高其生活质量吗"。

| 大大提高用户的生活质量 | 兜售商 | 健康习惯推广者 |
|---|---|---|
| 不会提高用户的生活质量 | 经销商 | 娱乐用户者 |
| | 制造商不使用产品 | 制造商使用产品 |

**图 37　操控模式**

记住，该模式是创建习惯养成类产品，而非一次性产品的框架。接下来，让我们看看该操控模式中代表四个象限的产品创建者类型。

## 1. 健康习惯推广者

如果你愿意使用自己创建的产品，也相信该产品会令用户的生活变得更加美好，那么你就是在推广一种健康习惯。有一点很重要，那就是你必须确定自己是否真的会使用该产品或服务，并根据自己创建的产品搞清楚"大大提高用户生活质量"的真正含义。

如果你发现自己在问自己这些问题的时候感到羞愧，或者回答问题的时候需要证明自己是正确的，或需要为自己寻找正当理由，那么请立刻停手！你已经失败了。你必须真心想要使用该产品，坚信该产品会极大地提高你自己以及你的用户的生活质量。

有一个例外情况是，换成过去，你是否肯定会成为该产品的用户？例如，有一家教育公司，现在你也许不需要该公司提供的服务了，但可以肯定的是，要是放在几年前，你肯定会使用该公司提供的服务。不过，请注意，现在和过去相隔时间越长，你获得成功的概率就越低。

在为用户而不是为你自己创建习惯的过程中，你不能将自己当作一名健康习惯的推广者，除非你曾亲自体验过用户们所面临的那些问题。

杰克·哈里曼在西弗吉尼亚州一个小农场长大。从美国海军学院毕业后，哈里曼曾在海军陆战队担任步兵和特别行动小组指挥官。2003 年，他参加了入侵伊拉克的军事行动，率领部下和敌方战斗人员展开激烈枪战。2004 年印度洋海啸发生后，他前往印度尼西亚和斯里兰卡灾区协助救援工作。

哈里曼说，他在国外见到很多人依然处于极度贫困状况，这改变了他的生活。服完七年半现役之后，哈里曼意识到，单靠武力并不能阻止恐怖分子伤害美国人的意图。"绝望的人会铤而走险。"哈里曼说。退役之后，哈里曼成立了一家名叫努鲁国际的公司，其宗旨是改变农村地区人们的行为习惯，以消除极端贫困现象。

然而，哈里曼自己并不清楚究竟怎样做才能改变世界上最贫困的人们的生活，直到他决定和这些人生活在一起。在肯尼亚，他发现现代农业的基本方法仍然没有得到应用，例如种子之间保持适当间距。但哈里曼知道，仅仅教会农民采用新的农业种植方法是不够的。

相反，根据自己在农村的成长经历以及和农民在一起生活过的经验，哈里曼找到了问题所在。他很快了解到，由于缺乏获取资金的渠道，农民们买不起优质种子和化肥，因此无法利用提升产量的技术。

今天，努鲁国际正在对肯尼亚和埃塞俄比亚的农民进行培训，帮助他们摆脱赤贫。只有将自己变成那些农民中的一员，哈里曼才能设计出解决方案，满足那些农民的需求。[8]

虽然非洲和硅谷有着天壤之别，但从对Facebook和Twitter创始人的纪实性报道中可以看出，他们很可能都自认为是健康习惯推广者。如今，一批新型公司正在开发各种产品，旨在通过培养健康习惯的方式提高人们的生活质量。这些公司的经营者拼命想让自己的产品站住脚，但无论是让用户加强锻炼、养成写日记的习惯或调整背部姿势，其产品必须首先满足他们自己的需求。

如果一个用意良好的产品在使用过程中走向极端，甚至变得有害该怎么办？一些用户使用习惯养成类产品过度、沉溺其间无法自拔该怎么办？

首先，对产品形成过度依赖的用户毕竟只是极少数，认识到这一点很重要。据业内人士估计，对诸如老虎机这样最容易令人上瘾的习惯养成类产品达到病理性上瘾程度的用户只有1%。[9]上瘾的往往是那些心理状况特殊的人。不过，如果简单地认为这一问题太微不足道，因而无关紧要的话，就会忽略技术上瘾导致的真正问题。

不过，各大公司现已首次被允许使用自己获取的数据给过度使用其产品的用户做标记。当然，公司是否会本着向用户负责的态度选择采取相应行动是一个企业责任问题。开发习惯养成类产品的公司肩负一种道德义务，也许有一天会变成一种法律责任，即必须告知并保护那些对产品慢慢上瘾的用户。正在开发有可能会令用户上瘾的产品的企业家们理应制定指导性准则，以识别并帮助上瘾用户。

然而，对于绝大多数用户而言，对产品上瘾永远不会成为一个问题。虽然整个世界正变得越来越容易让人上瘾，但大多数人都有规范自我行为的能力。

对一些开发产品的企业家而言，健康习惯推广者的角色令他们履行了自己肩负的道德义务，因为他们也会使用自己的产品，而且坚信其产品会极大地提高他人的生活质量。只要他们有适当的方法去帮助那些上瘾用户，设计者就可以问心无愧地设计产品。这里冒昧地引用圣雄甘地的一句名言，健康习惯推广者"使世界发生了自己理想中的变化"。

## 2. 兜售商

一心为用户着想的理想有时会屈于现实。很多时候，操纵技术的设计者们有强烈的动机想提高其用户的生活质量，可在追问之下，他们承认自己事实上并不会使用自己设计的产品。他们的产品往往会嵌入一些普通的酬赏机制，例如授予徽章或对用户而言其实毫无价值的积分，从而将无人真正愿意做的某项任务"游戏化"。

健身类应用程序、慈善网站以及声称能将艰苦的工作瞬间变成乐趣的产品往往属于兜售商这一类别。不过，最常见的兜售商的例子也许在广告领域。

无数兜售商自认其广告宣传活动一定会受到用户的喜爱。他们希望自己的视频能像病毒一样广泛传播，自己品牌的应用程序每天被人们使用。他们所谓的"现实扭曲场"使他们无法提出这样一个关键问题，即"我真的认为这有用吗"[10]，这令人感到不安，其答案几乎总是"不"，因此，他们会扭曲自己的想法，直到想象出一个他们相信也许可以发现其广告价值的用户。

极大提高用户的生活质量是一个艰巨的任务，而且要想开发出一个你自己并不使用却能打动人心的产品困难无比。这会置设计者于一个极其不利的地位，因为他们和自己的产品以及用户之间是割裂关系。兜售产品并没有什么不道德可言，事实上，许多致力于为用户解决问题的公司之所以兜售其产品，纯粹是为用户着想。只不过，对自己的用户如果做不到了若指掌，要设计出一款成功产品，其概率低得令人泄气。兜售商们对用户往往做不到感同身受，也缺乏必要的洞察力，因此无法开发出用户真正想要的产品。通常情况下，兜售商的努力会付之东流，因为设计者对自己的用户缺乏充分了解，其结果是，没有人认可其产品的功用。

## 3. 娱乐用户者

　　有时候，产品制造者只是想为用户带来乐趣。如果某项成瘾类产品的开发者自己会使用该产品，但却无法问心无愧地说该产品能提高用户的生活质量，那么他就是在娱乐用户。

　　娱乐是一种艺术，而且就其自身而言十分重要。艺术给我们带来快乐，帮助我们用不同的方式看待世界，将我们与人类的处境联系起来。这些全都是非常重要而且由来已久的不懈追求。然而，娱乐具有其特定属性，使用操控模式的时候，企业家、员工和投资者都应对此加以注意。

　　艺术往往稍纵即逝，娱乐习惯养成类产品往往会从用户的生活中很快消失。一首热门歌曲会在脑海中一遍又一遍重复，可当新的上榜歌曲取而代之的时候，它很快就被遗忘了。和本书类似的某一本书在一段时间内会引起人们的阅读兴趣和认真思考，过不了多久，新的更有趣的精神食粮就会出现。正如我们在有关各种酬赏的那一章中所了解到的，"农场小镇"和"愤怒的小鸟"这样的游戏曾令用户一度沉迷不已，但随后就被丢入游戏垃圾箱中。曾令用户高度上瘾的其他游戏也遭遇了同样的命运，例如"吃豆人"和"马里奥兄弟"。

娱乐是一个以流行为主导的行当。面对刺激，大脑的反应是获取越多越好，对层出不穷的新奇事物永远充满渴望。在短暂欲望的基础之上建立一项事业，类似于在一个不停运转的跑步机上奔跑：你必须跟上自己用户不断变化的需求。在这一象限中，可持续性业务不仅仅是游戏、歌曲或者图书这些商品，利润来自一套有效的配销体系，该体系会在这些商品尚炙手可热的时候将其推向市场，与此同时保证产品补给线备有充足的新鲜产品，以满足热切用户的需求。

## 4. 经销商

开发出一款产品之后，如果设计者不相信该产品能提高用户的生活质量，而且他自己也不会使用，这就叫剥削利用。去掉上述两个条件，设计师牢牢吊住用户的唯一理由大概就是赚钱。让用户对那些不断榨取他们钱财的行为上瘾肯定是一条生财之道，正所谓哪里有钱，哪里就有赚钱的人。

问题是：那个赚钱的人是你吗？赌场和毒品会令"客人"乐而忘返，但一旦上瘾，快乐立刻荡然无存。

伊恩·博格斯特对Zynga公司"农场小镇"的特许权进行了讽刺，他为Facebook开发出一款游戏应用程序Cow Clicker，用户除了不断点击虚拟奶牛，听到一声令人满足的"哞哞"牛叫之外，没有任何事情可做。[11] 博格斯特意在讽刺"农场小镇"，他明目张胆地使用了与"农场小镇"相同的，而且他认为用户一眼就能看出来的游戏机制和病毒程序。可是，当该游戏走红，一些人不可救药地迷恋上该游戏之后，博格斯特关闭了游戏，引发了一场他所谓的"奶牛危机"。[12]

博格斯特将令人上瘾的产品比作烟草，这一比喻是正确的。过去，美国大多数成年人都难以抵制香烟的诱惑，总会不停地抽烟，现在，另一诱惑已经取而代之，其诱惑力几乎同样强大，即不停查看自己的电子设备。不过，与尼古丁上瘾不同，新技术有可能极大地提高用户的生活质量。就像所有技术一样，习惯养成类技术产品在数字化创新方面的最新进展既有其积极作用，也有其负面影响。

但是，如果创新者能问心无愧地宣称其产品能极大提高人们的生活质量——首先是设计者的生活质量——那么唯一要做的就是继续前进。除了1%的上瘾用户之外，其余用户应对自己的行为承担最终责任。

然而，随着技术的发展，这个世界正变得越来越容易让人上瘾，新技术开发者们需要考虑一下自己的职责。我们还需要很多年，也许几代人的时间，才能研发出抗瘾药，对新习惯加以控制。

与此同时，很多上瘾行为也许会产生有害的副作用。现在，用户必须学会自己评判这些尚属未知的后果，而技术开发者们也必须从道德层面考虑自己未来的生存之路。

我希望操控模式可以帮助新技术开发者考虑自己所开发的产品的影响。看完本书之后，也许你会开始一项新的业务，也许你会肩负一项自己所承诺的使命加入一家公司，或者，你认为自己此时应该辞职，因为你已认识到这份工作偏离了你自己道德罗盘上所指引的方向。

## 牢记并分享

○ 为帮助习惯养成类技术的设计者评估其操控用户背后的道德责任，首先要确定其工作性质属于四象限中的哪一个。你是一名健康习惯推广者、兜售商、娱乐用户者，还是经销商？

○ 健康习惯推广者会使用自己开发的产品，并相信该产品可极大提高人们的生活质量。他们获得成功的概率最高，因为他们最了解其用户的需求。

○ 兜售商相信自己的产品可极大提高人们的生活质量，但自己并不使用该产品。他们必须谨防骄傲自大和脱离实际，因为他们在为自己并不了解的人提供解决方案。

○ 娱乐用户者会使用自己的产品，但并不相信该产品可提高人们的生活质量。他们可以获得成功，但在某种程度上无法提高他人的生活质量，其产品往往缺乏持久力。

○ 经销商既不使用产品，也不相信该产品可提高人们的生活质量。他们获得长久成功的概率最低，在道德上往往处于不利地位。

\* \* \*

**现在开始做**

▶ 花一分钟时间思考一下你自己属于操控模式中的哪一象限。你使
用自己的产品或服务吗？这会影响积极行为还是消极行为？你对
此感觉如何？如果你正在以某种方式影响他人的行为，问问自己
是否对此感到自豪。

## 第七章

# HOOKED

## How to Build
## Habit-Forming Products

# 案例研究：

## 《圣经》应用程序

在前一章中，我敦促你成为一名健康习惯推广者，运用本书所介绍的工具去提高他人的生活质量。我鼓励你们在工作中向一个目标看齐，这个目标应使你们的工作富有意义，同时也应使他人的生活富有意义。这不仅是一种道义责任，还是一种良好的商业行为。

最为人尊敬的企业家们都受意义——为更多人谋取福祉并推动他们前进的一种远见——驱动。创业极其艰苦，只有最幸运的创业者才能坚守到成功。如果创业只为名利，很可能两者都得不到。如果为意义而创业，那就不可能失败。

上瘾模型是基于人类心理的一个框架，它对当今最成功的习惯养成类产品进行了仔细分析。现在，你们对该模型已经有所了解，也明白了人们按习惯做事背后的心理原因，接下来就让我们通过世界上最流行的应用程序之一来看看所有这些因素是如何联系在一起的。下面描述的这款应用程序具有宗教使命，你对此是否认同并不重要。重要的是这样一条经验，即一家技术公司在为用户创建起一种习惯的同时能始终恪守其创办者的道德要求。

一款应用程序的吸引力往往比不上脱衣舞俱乐部的诱惑力。可是，在YouVersion首席执行官博比·格吕内瓦尔德看来，这正是其技术所要解决的问题。格吕内瓦尔德说，一位《圣经》应用程序的用户走进了一家臭名昭著的脱衣舞俱乐部，突然，似乎从天而降一般，他的手机收到了一条通知。"上帝正打算给我一点启示！"格吕内瓦尔德回忆用户的原话，"我刚走进一家脱衣舞俱乐部，噢，伙计，《圣经》就在那时给我发了条短信！"

2013年7月，YouVersion宣布其应用程序为公司一个重要里程碑，YouVersion由此成为科技公司中罕见的异类。其应用程序的名称很简单，就叫"《圣经》"，但下载该应用程序的电子设备超过一亿台，而且这一数字还在不断增长。[1]格吕内瓦尔德说，该应用的新安装频率是1.3秒一次。

平均每秒钟有66000人打开该应用程序，有时候打开频率比这一数字还要高得多。格吕内瓦尔德说，每到星期天，世界各地的传教士会对会众说："拿出你的《圣经》或YouVersion应用程序。"接着我们就会看到应用程序有一个巨大的涨幅。

宗教性质的应用程序市场竞争十分激烈。在苹果应用商店中搜索"《圣经》"，搜索结果多达5185条。但在所有选项中，YouVersion的《圣经》应用似乎最受青睐，高居下载排行榜榜首，评论超过 641000 条。

在数字化"上帝之言"领域，YouVersion 是怎样做到独占鳌头的？原来，其应用程序大获成功靠的不仅仅是传教热情。该案例的研究内容是，将消费者心理和大数据分析中的最新成果相结合，了解技术是如何改变人们的行为的。

据业内人士估计，YouVersion 的《圣经》价值不菲。机构风险合伙公司的普通合伙人朱尔斯·马尔茨告诉我："根据经验，如此规模的一家公司，其价值可能高达两亿美元，甚至更多。"

马尔茨所言应该属实。2013 年 7 月，他的公司按 8 亿美元估值，宣布对另一尚未取得收益的应用程序 Snapchat 进行投资。[2] 马尔茨所说的价格很合理，因为他列举了其他高科技公司的每位用户估值，如 Facebook、Instagram 和 Twitter，这些公司在产生利润之前全都获得了天文数字一般的巨额投资。马尔茨很快补充说："当然，前提条件是该公司能通过广告赚钱。"

## 初始阶段

格吕内瓦尔德是一个思维敏捷、语速很快的人。我们交谈的时候，只要相关数据在他电脑屏幕上开始闪烁，他就会停下来，即时更新统计数据。格吕内瓦尔德讲解有关移动应用程序开发的最佳做法时，我偶尔会打断他，提几个问题以理解他所讲的内容。讲到他自己在建立《圣经》应用程序过程中所学到的知识和经验时，他神采飞扬，我的话不时被打断。他脱口报出用户保留数字时兴致勃勃，让我觉得他仿佛要向我宣讲经文。

"与其他公司不同的是，一开始，我们开发《圣经》阅读器并不是为了神学院的学生。YouVersion的设计目的是让每个人每天使用。"格吕内瓦尔德说。他认为，该应用程序之所以大获成功，是因为他们始终专注于培养用户的读经习惯。《圣经》应用程序的成功被归因为心理学教科书中常见的语言习惯养成。和上帝交流的"提示"、"行为"以及"酬赏"都加了着重号，随时供我们讨论。

"《圣经》学习指引并非新鲜事物，"格吕内瓦尔德说，"我们的产品推出之前，人们就一直借助纸笔使用这些指引。"但我很快发现，《圣经》应用程序远不止一款移动学习引导程序那么简单。

事实上，YouVersion第一版《圣经》完全没提供移动版。"我们最初将其设计为一个桌面网站，但此举根本没有引起人们对《圣经》的兴趣。直到尝试推出移动版本，我们才注意到人们所发生的变化，包括我们自己的变化，即大家在《圣经》上所花的时间越来越多，因为它就在人们每天随身携带的电子设备上。"

这并不奇怪。福格行为模式（第三章）强调，要令一种行为发生，用户必须接收到一个触发，并有足够的动机和能力去完成该行为。一旦触发启动，其他两个要素缺少任意一个或程度不够，该行为都将无法发生。

《圣经》应用程序无所不在的性质使其远比此前的网站应用

程序更容易访问。每当牧师有所指示，或一天当中的某个时刻感到有所启发之时，用户都能打开移动应用程序。该应用程序可以走到哪儿带到哪儿，用户甚至可以在最不虔诚的地方读经文。据公司透露，有18％的读者承认自己在洗手间使用《圣经》应用程序。[3]

## 如何培养人们的读经习惯

2008年，应用商店渐渐兴起，格吕内瓦尔德的《圣经》应用程序有幸成为开同类产品先河的应用程序之一，对此他毫不讳言。为利用新兴的应用商店，格吕内瓦尔德迅速将自己的网站转变成一个优化的移动阅读应用程序。该应用程序恰好顺应了当时的发展潮流，但没过多久，一大波竞争对手开始紧随其后。格吕内瓦尔德的应用程序要想傲视群雄，他必须迅速牢牢钩住用户。

格吕内瓦尔德此时说他实施了一项计划——实际上是多项计划。他从400多个读经计划中选择了《圣经》应用程序签名计划——相当于一款祷告iTunes，以满足有着不同口味、不同烦恼、讲着不同语言的听众的需求。鉴于我的个人兴趣和对习惯养成类技术的研究，我决定启动一个自己的读经计划，一个标题为"上瘾"的计划似乎很合适。

对于那些尚未形成研习《圣经》习惯的人而言，读经计划可为其提供方案和指导。"《圣经》的某些部分很难读下去，"格吕内瓦尔德承认，"给人们提供读经计划，让其每天只读其中的一小部分，这可以帮助（读者）坚持下去。"

该应用程序将经文分成小小片段，然后成段显示出来并按顺序排列。通过这种方法，读者的注意力会集中在手头的这一丁点儿任务，从而避免阅读整本《圣经》所造成的巨大压力。

## 神圣性触发

经过五年的不断检测和修补，格吕内瓦尔德的团队找到了最佳读经计划。今天，《圣经》应用程序的读经计划已经做到完美无瑕，格吕内瓦尔德也认识到，使用频率才最重要。"我们的关注点始终是日常阅读，我们读经计划的所有步骤都以每日阅读为核心。"

为了让用户每天都打开应用程序，格吕内瓦尔德要确保自己发送的提示有效，例如发送给到脱衣舞俱乐部寻开心的那位浪子的通知。不过格吕内瓦尔德承认，他发现有效的触发具有强大的力量纯属偶然。"起初我们对给用户推送通知的做法担心不已，因为我们不想过分打扰他们。"

为了测试基督徒用户愿意接收推送通知的程度，格吕内瓦尔德决定进行一项实验。"我们针对圣诞节给用户推送了一条信息，仅仅是一句用各种语言写的'圣诞快乐'。"我的团队已经做好了思想准备，打算支起耳朵听这些被信息打扰到的用户的抱怨和牢骚。"我们害怕用户会卸载程序，"格吕内瓦尔德说，"可事实正好相反，人们将手机上的那条消息拍下来，开始在Instagram、Twitter和Facebook上互相分享。他们感觉上帝来到了他们身边。"格吕内瓦尔德说，如今触发在所有读经计划中都发挥着十分重要的作用。

实施我自己的读经计划时，我的手机每天都会收到一条通知——一种自有的外部触发。该通知只是简单的一句话，"别忘记完成你上瘾读经计划中的阅读任务"。讽刺的是，我对数码设备的强烈依赖正是我竭力想要克服的上瘾症，不过管它呢，我只旧瘾复发这一次。

万一我莫名其妙地没有打开第一条消息，我手机上的《圣经》图标上方就会出现一个红色的徽章，再次提醒我。如果读经计划的第一天忘了读经，我就会收到一条消息，建议我改换一个难度更低的计划。我还可以选择通过电子邮件接收经文。如果我出了差错，漏掉了几天，就会有新的电子邮件提醒我重新开始。

《圣经》应用程序还附带一种虚拟圣会功能。网站成员之间往往会发送一些信息相互鼓励，因此会产生更多触发。公司公关人员说："社区邮件也能作为一个小触发驱使人们打开应用程序。"在《圣经》应用程序中，这些基于关系的外部触发无处不在，它们是帮助用户坚持读经的关键原因之一。

## 荣耀在数据中

格吕内瓦尔德的团队收集了上千万读者的行为数据并对其进行筛选，以更好地了解用户对应用程序的需求。"我们要用系统筛选大量数据。"格吕内瓦尔德说。这些数据令我们对用户保留的原因有了重大发现。"使用轻松"一项高居学习列表榜首，该词在我们谈话中也反复出现。

《圣经》应用程序使用的原则是，只要将一种目的性行为变得越轻松容易，该行为出现的频率就越高。这一原则符合心理学家的研究结果，无论是早期的格式塔心理学家库尔特·卢因，还是现代心理学研究者。

《圣经》应用程序的目的是尽可能减少因读经而产生的负担。例如，为使用户将使用《圣经》应用程序作为习惯更轻松地加以接受，那些不喜欢阅读而更喜欢听经文的用户只需轻击一个小图标，即可听到查尔顿·赫斯顿本人生动并富有激情的一段经文朗读音频。

格吕内瓦尔德说，他收集到的数据还显示，改变经文顺序可以提高读经完成率，例如将更生动有趣的经文前置，将枯燥乏味的部分经文后置。此外，每日读经计划还每天为新用户推送一句简单的励志格言和几句简短的经文，其目的是让新用户每天花几分钟体会这些内容，直到每日读经成为他们日常生活的一部分。

# 主的酬赏

格吕内瓦尔德说，将人与经文连接起来的是内在的深厚情感，即"我们在使用的时候必须负责任"。已养成阅读习惯的读者不仅在看到自己手机上的通知时使用《圣经》应用程序，而且只要他们感到情绪低落、需要一种方式来振作精神的时候都会使用该程序。

"我们相信，《圣经》是上帝对我们讲话的一种方式，"格吕内瓦尔德说，"人们看到一句经文，他们看到的是智慧或真理，这些智慧或真理适用于其生活或即将面对的处境。"怀疑论者也许会称之为"主观验证"，心理学家则称之为"福勒效应"，但对忠实的信徒而言，这是个人和上帝之间的一种交流。

一打开《圣经》应用程序，我眼前就会看到和"上瘾"主题有关并经过精心挑选的一句经文。只要点击两下，我就进入了《帖撒罗尼迦前书》5:11 的阅读页面，这部分内容是鼓励"当今儿童"，用"让我们保持清醒"这样的话语恳求他们。很明显，这类抚慰性经文可作为应用程序内置的一种奖赏，给读者带来更好的感觉。

格吕内瓦尔德说，他的《圣经》应用程序还提供一种神秘性和多变性元素。"一位女士会熬夜到午夜十二点，只是为了看一眼自己第二天收到的经句。"格吕内瓦尔德说。未知因素——在上面这个例子中指的是，为读者挑选的经句，以及该经句和读者的个人奋斗有何关系——成为培养读经习惯的一个重要驱动力。

读完自己收到的经句之后，我的屏幕上会显示一个令人很有满足感的"今日任务完成！"画面，以此作为对我的酬赏和肯定。我已读过的经文旁边和我的读经计划日历上都会出现一个钩形符号。如果漏掉一天没有读经，已经打过钩的读经日历链条就会被打破，心理学家称之为"人为推进效应"，该策略也被视频游戏设计者用于鼓励用户继续玩游戏。

尽管《圣经》应用程序的读经计划可有效帮助用户形成读经习惯，但这些计划并非适用于每一个人。事实上，格吕内瓦尔德说，大多数用户虽然下载了应用程序，但却从不注册一个YouVersion账户。有数百万用户选择不参加任何读经计划，他们只是将该应用程序当作自己纸质《圣经》的一个替代品。但对格吕内瓦尔德来说，以这种方式使用应用程序很适合他。即使读者们不注册，这依然有利于《圣经》应用程序用户的增长。事实上，社交媒体上多达20万条的内容都是通过该应用程序分享而来。

为使《圣经》应用程序传播得更广，应用首页上每天会出现一句新经文以飨读者。在经文之下，一个蓝色的大按钮上写着"每日经文共赏"。只要点击一下，每日经文就会立即出现在Facebook或Twitter上。

人们最近读经背后的驱动力尚未得到广泛研究。不过，其中一个原因也许是其酬赏方式：给读者塑造出了一个积极正面的形象，也就是所谓的"谦虚地吹牛"。[4]哈佛一份题为"公开有关自我的信息实质上是有益之举"的元分析发现，"谦虚地吹牛"可以"使神经和认知机制与酬赏联系起来"。[5] 事实上，共享信息的感觉极其美妙，一项研究发现，"个体愿意放弃金钱去公开有关自我的信息"。

《圣经》应用程序提供的经句有很多共享机会，但最有效的共享途径之一不是在线共享，而是实地共享，也就是在每周去教堂的人们并排而坐的长凳上共享。

"人们相互之间会谈论应用程序，因为使用应用程序的人们身边总会围着一些人问长问短。"格吕内瓦尔德说。《圣经》应用程序在每个周日的新下载量始终居高不下，因为人们在那一天最有可能通过口口相传的方式分享程序。

然而，最能表明格吕内瓦尔德的《圣经》应用程序具有强大威力的信号，是一些传道者对《圣经》应用程序的依赖性越来越强。宗教领袖可通过YouVersion将自己的布道输入应用程序，这样会众可以实时跟上讲经，所有这一切都不需要翻页。一旦教会的头领养成了使用应用程序的习惯，会众肯定会紧随其后。

在教会使用《圣经》应用程序不仅有利于促进其用户增长，还能令用户投身其中。每当用户对某一经句高亮显示、添加一条评论、创建一个书签或分享，这都是一种投入。

正如前面章节中所讲，丹·阿雷利和迈克尔·诺顿已经证明，微量的投入会影响人们对各种产品的价值评估。这种"宜家效应"显示出劳动投入和感知价值之间的密切联系。

用户以点滴投入方式对《圣经》应用程序投入越多，《圣经》应用程序对用户礼拜史的信息记录就越丰富，这一看法十分有道理。就像一本卷了边儿的书，里面充满了书写潦草的深刻见解和智慧，《圣经》应用程序也成了人们轻易不会丢弃的一笔宝贵资产。读者使用《圣经》应用程序的频率越高，《圣经》应用程序对他们的价值就越大。改换一款数码《圣经》——上帝禁止这样做——会随着用户向应用程序每输入一条新的启示或从中提取一条新的启示而变得越来越不可能，这进一步巩固了YouVersion的统治地位。

格吕内瓦尔德声称，他没有与任何人竞争，但他偶尔会飞快地谈到各类应用商店，在这些应用商店中，他的应用程序都高居排行榜前列。其应用程序现在似乎牢牢占据了排行榜榜首的位置，因为《圣经》程序安装已经跨越了1亿大关。不过，格吕内瓦尔德打算继续通过万亿字节进行筛选，以寻找新的方式来提高自己应用程序的覆盖范围，使自己的《圣经》版本更加有助于培养人们的读经习惯。对其数以千万的普通用户而言，格吕内瓦尔德的应用程序是上帝恩赐的一份礼物。

## 牢记并分享

○ 《圣经》应用程序作为桌面网站根本无法吸引用户。移动界面可通过频繁提供触发的方式增强程序的可访问性并增加用户的使用量。

○ 《圣经》应用程序通过将有趣内容前置并提供经文音频的方式增强了用户采取行动的能力。

○ 将经文分解成短小的片段之后，用户发现每天阅读《圣经》变得更加轻松。保持下一个经句的神秘感会增加一种可变酬赏。

○ 在应用程序中每添加一条评注、一个书签，或高亮显示存储数据（以及数值），都会进一步增强用户的参与度。

## 第八章

# HOOKED

## How to Build
## Habit-Forming Products

# 习惯测试和寻找机会

现在，你对上瘾模型已经有所了解，对影响用户行为的道德责任也已有所思考，是时候进入正题了。将你的想法在上瘾模型的四个阶段全部过一遍，这有助于你发现自己产品在习惯养成潜能方面存在的潜在弱点。

你用户的内部触发经常促使他们采取行动吗？在用户最有可能采取行动的时候，你会用外部触发提示他们吗？你的设计是否简单得足以使采取行动变成一件轻松容易的事情？你提供的酬赏机制是否既能满足你用户的需求，又能激发他们更强的需求？你的用户是否对产品有微量的投入，从而以储存价值的方式改善产品的使用体验，同时加载下一个触发？

确定了自己技术上的缺陷和不足，就可以专注于改进产品最重要的方面。

## 习惯测试

　　通过前面各章"现在开始做"部分的练习，你应该已经具备了足够的知识来为自己的产品制定一个标准。不过，光有想法还不够，创建用户习惯往往说起来容易做起来难。开发成功的习惯养成类技术需要耐心和毅力。上瘾模型既可被当成一种有用的工具，过滤掉习惯养成潜能低的糟糕思路，还可被当成一个框架去确定现有产品的改进空间。然而，设计师制定出新的设想之后，如果不通过实际用户对其加以检验的话，我们就无法得知哪些思路是正确的。

　　开发一款习惯养成类产品是一个反复的过程，需要对用户行为进行分析并不断进行实验。怎样才能用本书所介绍的各种概念来衡量你的产品在创建用户习惯过程中的有效性呢？

　　通过我的研究以及与当今最成功的习惯养成类产品生产公司的企业家们的讨论，我对这一过程进行了提炼，并将其命名为"习惯测试"。该过程是受精益创业运动所提倡的"建造—评估—学习"方法启发而来。"习惯测试"可为习惯养成类产品设计提供深刻见解和随时备用的数据。它有助于厘清以下问题：哪些人是你产品的粉丝？你产品的哪些部分容易让用户形成习惯（如果有的话）？你产品的这些特征为什么会改变用户的行为？

　　习惯测试并不总是需要一个真实的产品，可是，如果你对人们使用你产品系统的方式缺乏全面了解，你可能很难得出明确的结论。假定你要对一款产品、产品用户以及有意义的数据进行研究，步骤如下：

## 第 1 步：确定用户

习惯测试的第一个问题是——哪些人是产品的习惯用户。记住，你产品的使用频率越高，形成用户习惯的可能性就越大。

首先，给忠实用户下个定义。忠实用户对产品的使用频率"应该"是多少？这个问题的答案非常重要，它能令你的观点发生极大的改变。有关类似产品或解决方案的公开资料有助于你明确用户并制定用户参与度目标。如果无法获取数据，那就根据经验进行假设，但前提是要符合实际并诚实无欺。

如果你正在开发一款类似于Twitter或Instagram的社交网络应用程序，你就应该设想习惯用户每天会多次访问该服务。另外，你别指望像烂番茄这样的电影推荐网站用户每周的访问量超过两次（因为他们的访问只有在看完一场电影或研究完要看什么电影之后才开始）。不要只针对专业级用户做出过于激进的预测，而是要寻找一个符合现实的推测，据此调整普通用户和你的产品进行互动的频率。

搞清楚用户对你产品的使用频率应该是多少之后，要深入钻研这些数字，确定有多少以及哪些类型的用户满足这一条件。最佳做法是，利用人口特性分析对用户行为在未来产品迭代过程中所发生的变化进行测量。

## 第 2 步：分析用户行为

希望你已确定了一些满足习惯用户标准的用户。可是多少用户才算够呢？我的经验是 5%。虽然活跃用户的比例应该比这一数字高得多才能维持业务，但 5% 是一个很好的基本标准。

如果至少有 5% 的用户认为你产品的价值还不够大，他们对产品的使用频率没有达到你的预期，那你就麻烦了。要么是你对用户判断有误，要么是你的产品需要重新设计。如果超过了 5% 这一数字，而且你也确定了自己的习惯用户，那么下一步就是分析用户在使用产品过程中的一系列行为，搞清楚产品吸引他们的原因是什么。

不同用户和产品进行互动的方式略有不同。即使是一个标准的用户流，他们使用产品的方式也会带有各自独特的印记。用户行为有助于建立一种可识别的用户模式，例如用户的来源、用户注册时所做的决定、使用该服务的用户好友数量。要对用户数据进行筛选以确定是否存在相似之处。你要找到一条"习惯路径"，即你最忠实的用户共同具有的一系列相似行为。

例如，在其成立初期，Twitter 发现，只要新用户关注的其他用户人数达到 30，即可达到一个临界点，极大地增加他们今后继续使用网站的可能性。[1]

每款产品的忠实用户都有一套不同的行为模式，只要找到了习惯路径，就可以确定哪些行为对培养忠实用户至关重要，从而改进产品体验以鼓励这种行为。

### 第3步：改进产品

有了新的见解之后，注意力应重新回到产品上，要想办法推动新用户朝忠实用户所采取的习惯路径前进。这一过程可能包含注册渠道更新、内容变更、功能去除或现有功能增强。Twitter从注册渠道更新这一方式中获得启发，对其加关注流程进行了改进，鼓励新用户即刻关注其他用户。

习惯测试是一个可利用每一项新功能和产品迭代加以实施的持续不断的过程。按用户的共同特点对其进行分组，将其行为和习惯用户进行比较，这样做可有效指导我们改进产品。

# 寻找机会

习惯测试要求产品设计者用一款现有产品进行测试。但是，到哪里才有可能为新技术方案找到成熟的习惯养成经验呢？

就开发新产品而言，谁也无法对此做出保证。在开发一款本书所描述的、引人入胜的产品过程中，创业公司还必须想办法赚钱和成长。虽然本书并未涵盖传递客户价值的商业模式和有利可图的客户获取方法，但这两大要素是任何业务获取成功的必要条件。新公司要想取得成功，有几件事情一定不能做错，培养用户习惯只是其中之一。

正如我们在第六章所见，成为一名健康习惯推广者不仅是一项道德责任，而且会形成更好的商业惯例。如果设计者本人愿意使用新开发的产品，并相信该产品能极大地提高人们的生活质量，那么该产品满足人们需求的可能性就会更大。因此，对于创业者或设计者而言，他们寻找新机会的第一步是照镜子。保罗·格雷厄姆建议企业家抛开听起来十分诱人的经营理念，要根据自己的需求开发产品，"不要问'我应该解决什么问题'，要问'我希望其他人为我解决什么问题'"。[2]

研究自己的需求有可能带来非凡的发现和全新的思路，因为设计者至少会和一个用户——他或她自己——始终保持直接沟通。例如，作为一款为社交网络发布更新的服务工具，Buffer的创建灵感源于其创始人对他自己的行为极富洞察力的观察。

Buffer创建于2010年，其用户现已超过110万。[3]创始人乔尔·加斯科因在一次接受记者采访时讲述了公司的缘起。[4]"我使用Twitter一年半之后才有了创建Buffer的念头。此前我在博文中分享过一些链接和我认为颇有启发的转帖，我发现关注我的用户似乎非常喜欢这类推文。我经常收到一些转发推文，或者和其他用户围绕博文或转帖进行非常有趣的交谈。于是我决定要更频繁地分享这类内容，因为被推文触发的各种交谈让我接触到了一些超级聪明而又十分有趣的人。"

加斯科因继续说道："因此，本着分享更多博文和转帖的目的，我开始一篇一篇发布推文。我很快意识到，将要发布的推文提前编入时间表，其效率要远远高得多，于是我委托几个Twitter客户端来做这件事。此时我遇到的关键问题是为推文选择确切发布日期和时间，可事实上，我对发布推文的要求是'每天5次'。我只是想让更多的人看到推文，因此我并没有一边阅览一边分享所有推文。有一段时间，我用一个记事本把自己按时间表规定需要发布推文的时间都记录下来，以保证每天能发布5次推文。这一过程相当烦琐，于是我产生了一个想法：我要让'每天X次'的推文发布像定时发布一样简单容易。"

加斯科因的经历是创业者解决自己问题的经典例子。在使用现有解决方案时，他发现他人所提供的解决方案和自己所需要的解决方案之间存在很大差异。在使用其他产品时，他找到了这些产品可以精简步骤之处，确立了一种更简单的方式去实现自己的目的。

仔细反思可以发现一些开发习惯养成类产品的机会。一天开始的时候，你问问自己：为什么有些事情要做，为什么有的不要做？怎样才能让这些任务变得更简单或更有价值？

观察自己的行为可以为开发下一代习惯养成类产品带来启发，或为现有解决方案带来突破性改进。下面是容易产生创新机会的其他策源地——可将它们视为捷径，以发现成熟的现有行为模式，实现以形成新用户习惯为基础的成功的商业发展。

## 新生行为

有时候，以迎合利基市场而出现的一些技术会越界进入主流市场。由一小群用户开始的行为可能会扩展到更广泛的人群，但前提是这些行为迎合了广泛的需求。然而，技术起初仅仅为一个小群体所应用的事实往往具有一定的迷惑性，容易令观察者们忽略产品的真实潜力。

大量改变世界的创新遭到摒弃，人们仅仅将其视作商业吸引力有限的新奇事物。乔治·伊士曼发明的带胶卷的布朗尼相机售价仅为 1 美元，最初被当作一款儿童玩具进行销售。[5] 知名摄影师们仅仅将其看成一款廉价的玩具。

电话的发明一开始也遭到了冷遇。英国邮政总局总工程师威廉·普里斯爵士有一句著名论断，"美国人需要电话，但我们不需要，我们有足够的信差"。[6]

1911 年，后来在"一战"当中担任协约国总司令的费迪南·福煦说，"飞机是很有趣的玩具，但毫无军事价值"。[7]

1957 年，在普伦蒂斯·霍尔出版公司供职的商业书籍编辑告诉其出版商："我走遍了这个国家每一个角落，和最优秀的人物交谈过，我可以向你保证，数据处理不过是一时风尚，不出一年就会风光不再。"

就互联网本身以及连绵不断的每一波创新浪潮而言，批评之声始终不绝于耳，主要指责其无法获得广泛吸引力。1995 年，克利福德·斯托尔为《新闻周刊》写了一篇题为"互联网？我呸！"的文章，他在文章中宣称，"说实话，任何在线数据库都无法取代你的日报，我们不久就会直接在互联网上买书买报，呃，这是必然的"。[8]

当然，我们现在确实在互联网上读书看报。新技术刚出现的时候，人们往往对其持怀疑态度。所谓积习难改，很少有人具备先见之明，能看到创新技术最终将改变他们的日常生活。不过，采用新技术的用户们已经形成了一些新生行为模式，只要留心这些行为模式，企业家和设计者们就能找到利基使用案例，并将其发展为主流行为模式。

例如，在 Facebook 成立初期，其用户仅限于哈佛学生。该服务模仿了当时所有大学生都很熟悉的的一种离线行为：浏览带有照片和个人信息的"花名册"。在哈佛火起来之后，Facebook 先是席卷了其他常春藤盟校，然后又扩及全美大学生，接下来是高中生，之后是公司员工。最后，2006 年 9 月，Facebook 开始向世界开放。如今，Facebook 的用户已经超过十亿。最初仅限于大学校园的一种新生行为发展成为一种全球现象，满足了人们渴望与他人建立联系的基本需求。

正如本书前面所讨论的，很多习惯养成类产品一开始都被看作"维生素"，即可有可无的产品，但随着时间的推移，这些"维生素"通过出色的解痒或镇痛疗效成为人人必备的"止痛药"。据透露，许多突破性技术和公司，例如飞机技术和空中食宿公司，一开始都被评论家们当作玩具或利基市场而嗤之以鼻。在早期用户当中寻找新生行为模式往往可以发现新的、有价值的商业机会。

## 促成性技术

硅谷的"超级天使"投资人小麦克·梅普尔斯将技术比喻成在巨浪中冲浪。2012年，梅普尔斯发博客说，"根据我的经验，每隔十年左右，我们就会看到一波重大的新技术浪潮。我上高中的时候是个人电脑革命。在客户端/服务器浪潮的尾声和互联网浪潮的早期阶段，我开创了自己的事业，成为一名企业家。如今，我们正处在社交网络浪潮的大规模应用阶段。我对这些技术浪潮着迷不已，花了大量时间去研究它们的发展趋势和可观察到的发展模式"。

梅普尔斯认为技术浪潮遵循一个三阶段模式，"这些浪潮都始于基础设施建设。基础设施建设方面所取得的进步是积聚一波大浪潮的初始力量。随着波涛开始积聚涌动，各种促成性技术和平台纷纷为新型应用铺平道路，这些新型应用经过不断聚集，逐渐形成一波浪潮，以实现大规模渗透和客户应用。最终，这股浪潮达到顶峰并逐渐消退，为正在聚集并即将形成的下一波浪潮让位"。[9]

对寻找机遇的创业者们而言，认真思考梅普尔斯的比喻不失为明智之举。只要新技术突然之间使得某一行为变得更轻松容易，新的机会就诞生了。通常情况下，创建新基础设施会催生出许多意料之外的方式，令其他行为变得更简单或更有价值。例如，互联网之所以能够出现，主要得益于"冷战"期间受美国政府委托创建的基础设施。之后，促成性技术，例如拨号调制解调器，以及此后的高速上网连接，使人们得以访问网络。最后，HTML（超文本标记语言）、网页浏览器和搜索引擎——应用层面——使人们得以在万维网上任意浏览。在每一个连续阶段，新行为和新企业的蓬勃发展有赖于前一阶段的促成性技术。

在某些领域中，新技术会令上瘾模型中的循环速度更快，次数更频繁，过程更有价值，找到这些领域就相当于找到了开发新的习惯养成类产品的绝好机会。

## 界面更改

技术变化往往会为打造新的"钓钩"创造机会。然而，有时候技术变化并非必要。通过确定不断发生变化的用户交互与创建新的日常行为习惯之间的关系，许多公司在促使用户形成新习惯方面已经取得了成功。

每当人与技术的互动方式发生巨大变化的时候，就会有大量的绝佳机会等待你去把握。界面更改令各种行为突然之间变得更加轻松容易。随后，当完成一项行为需要付出的努力越来越少时，该技术的应用量就会呈爆炸式激增。

　　界面的一个更改可以令我们清晰地看到，科技企业创造财富的悠久历史就是其寻找用户行为模式的历史。苹果和微软将笨重终端机更换成主流消费者可以访问的图形用户界面，从而大获成功。雅虎和莱科思的搜索界面广告过多而且使用不易，相对于这两个竞争对手，Google对其搜索界面进行了简化。Facebook和Twitter将有关用户行为的新见解付诸实施，其界面对在线社交互动进行了简化。以上每个例子说明，一个新的界面会令一种行为变得更轻松容易，也让我们看到了有关用户行为的令人吃惊的真相。

　　最近，Instagram和Pinterest受界面更改的启发对用户行为产生了新的见解，并将其付诸实践。Pinterest能够利用当时颇为新锐的界面更改技术创建各式各样的图片，从中可看出Pinterest对一种在线目录的成瘾性特征的新见解。对Instagram而言，界面更改就是把摄像机和智能手机结合在一起。Instagram发现，其自身技术含量低的滤光镜可以使智能手机上质量很差的照片变得清晰好看。用手机随时拍摄高质量的图片变得更轻松容易，Instagram的这一新发现为其吸引了一大群手机拍照迷用户。作为小型团队，Pinterest和Instagram创造了大价值，其成功秘诀不在于破解了技术难题，而在于解决了常见的人与技术的互动问题。同样，包括平板电脑在内的移动设备的飞速发展催生出了一场界面更改的新革命，以及围绕移动用户的需求和行为而设计的新一代产品和服务。

要想找到界面更改点，Y-Combinator公司的合伙人保罗·布赫海特鼓励企业家们"生活在未来"。[10] 各种界面更改开始不过区区几年。可穿戴技术承诺要改变用户与真实世界和虚拟世界之间的互动方式，如Google眼镜、Oculus Rift虚拟现实护目镜以及Pebble手表。只要预先考虑到界面将会发生更改的地方，富有进取心的设计者就能找到新的方法培养用户习惯。

## │ 牢记并分享 │

○ 上瘾模型有助于产品设计者为习惯养成类技术制定一个初始标准，还有助于从现有产品的习惯养成潜能中发现隐性的弱点。

○ 一旦产品被开发出来，"习惯测试"有助于确定产品粉丝，找出哪些产品因素有助于用户形成习惯（如果有的话），搞清楚产品的这些方面为何会令用户行为发生改变。习惯测试包括三个步骤：确定用户、分析用户行为和改进产品。

○ 首先，深入研究数据，确定人们的行为方式和使用产品的方式。

○ 其次，对这些发现进行分析，找出习惯用户。要想得出新的推测，研究忠实用户的行为和习惯路径。

○ 最后，改进产品，吸引更多用户走上习惯用户所走的路径，然后评估结果，视需要继续修改。

○ 敏锐观察自己的行为有可能带来新的见解和创建习惯养成类产品的机会。

○ 在某些领域中，新技术会令上瘾模型中的循环速度更快，循环次数更频繁，或循环过程更有价值，找到这些领域可为开发新的习惯养成类产品提供绝好的机会。

○ 新生行为——很少有人看或做，但最终会满足大众市场需求的新行为——能为今后带来突破性的习惯养成机会。

○　更改界面会使用户行为发生变化，并带来商机。

\* \* \*

## 现在开始做

参考你在第五章"现在开始做"部分的答案，完成以下练习：

▶ 按本章所介绍的方式进行习惯测试，确定长期参与型用户的行为模式。

▶ 注意自己下周使用日常产品时的行为和情绪，问问自己：

▶ 触发我使用这些产品的因素是什么？这些因素是外部的还是内部的？

▶ 我目前使用的这些产品是自己预期中的产品吗？

▶ 这些产品如何通过增加外部触发或鼓励用户对其所享用的服务进行投入的方式改进自己的用户加入通道，吸引用户再次参与？

▶ 和自己社交圈以外的三个人进行交谈，搞清楚他们移动设备的首页上是哪些应用程序。让他们像往常一样使用这些应用程序，看看自己是否能从中发现任何不必要的或新生的行为。

▶ 想出五种能为你的业务创造新机会或带来威胁的新界面。

## 几点说明

感谢您阅读本书。既然您已阅读完毕，敬请不吝赐教！

希望您能拨冗在亚马逊（http://www.amazon.com/dp/BooHJ4A43S）和 GoodReads（http://goo.gl/UBHeLY）上对本书予以评论。

此外，欢迎访问我的博客（NirAndFar.com），了解更多有关习惯养成类产品的内容，阅读我的最新文章。

最后，如有任何问题、评论、编辑或意见，请发送至 nir@nirandfar.com。

HOOKED
How to Build
Habit-Forming Products

致　谢

如果有人问我："撰写本书时，你最令人吃惊的收获是什么？"我的收获绝不是你在本书中所读过的任何研究性学习或公司案例。尽管我对这一问题已思考了两年半之久，但答案只有一个：我从没想到人们会如此慷慨。

我要特别感谢下列人士，没有他们的帮助，本书将无法完成。

米歇尔·阿罗诺维茨、斯蒂芬·安德森、丹·阿雷利、杰斯·巴赫曼、吉尔·本阿茨、劳拉·贝格海姆、米哈尔·鲍特尼克、弗拉达·鲍特尼克、乔纳森·博尔登、拉姆齐·布朗、张添、詹姆斯·湛、陈春、桑吉特·保罗·乔达利、史蒂夫·科克伦、亚历克斯·考恩、约翰·戴利、塔纳·德拉普金、卡伦·杜尔斯基、斯科特·邓拉普、埃里克·埃尔登、约什·艾尔曼、贾丝明·伊亚尔、莫妮克·伊亚尔、奥菲尔·伊亚尔、奥马尔·伊亚尔、罗内特·伊亚尔、维克多·伊亚尔、安德鲁·费勒、克里斯蒂·弗莱彻、B.J.福格、贾尼丝·弗雷泽、贾森·弗雷泽、舒利·加利利、本·加德纳、凯利·格林伍德、鲍比·格伦沃尔德、乔纳森·格雷拉、奥斯汀·冈特、斯蒂芬·哈比弗、莱斯利·哈尔森、斯蒂芬·霍顿、杰森·赫雷哈、加布里埃拉·赫罗米斯、彼得·杰克逊、诺亚·卡根、戴夫·卡申、艾米·乔·金姆、约翰·金姆、迈克尔·金姆、大卫·金、托马斯·克约姆佩鲁德、特里斯坦·克罗默、罗克·克卢莱克、米哈尔·莱温、乔纳森·利博夫、查克·隆加内克尔及数字心灵感应团队珍妮弗·卢、韦恩·略、朱尔斯·马尔茨、扎克·马罗姆、戴夫·麦克卢尔、凯利·麦克高尼、莎拉·梅尔尼克、奥瑞恩·芒特尔及MomentCo.com团队、马特·穆伦维格、亚什·内拉帕蒂、大卫·恩戈、托马斯·奥达菲、麦克斯·奥格莱斯、艾米·奥利里、莱恩·奥马、亚历克斯·奥斯特瓦德、特雷弗·欧文斯、布雷特·雷丁杰、沙巴尼·罗伊、格雷琴·鲁宾、丽莎·卢瑟福、凯特·拉特、保罗·萨斯、托德·赛特斯登、特拉维斯·森特尔、鲍文·沙、赫特·沙、杰森·沈、巴巴·希夫、保罗·辛格、卡佳·施普雷克迈耶、乔恩·斯通、尼莎桑德萨那姆、莉迪亚·休格曼、蒂姆·沙利文、特蕾西·沙利文、盖伊·文森特、杰夫·瓦尔德施特赖歇尔、王嘉廉、安娜玛丽·沃德、斯蒂芬·温德尔、马克·威廉姆森、大卫·沃尔夫、科林·朱、加布·齐凯尔曼。

　　还有两个人需要特别感谢：第一位是本书的特约作者瑞安·胡佛，在他的帮助下，我才得以将杂乱无序的博文和写作片段整理成册付梓出版。他对本书所做的奉献以及他出色的写作才华和顽强的毅力，令写作本书的想法得以转化成现实。我相信在未来几年，世界将会听到瑞安发出的更多声音，而我在其职业生涯早期曾与其共事，何其幸也。

第二位是我的妻子朱莉·莉·伊亚尔，我要将此书献给她。有关本书的一切事宜均是朱莉从旁协助，她不仅承担了实际任务（例如本书的封面设计和幻灯片演示），在我酸甜苦辣的写作过程中还为我提供意见和参考。在她为我所做的所有贡献之中，最大的莫过于她对我坚定不移的支持。她的深情厚谊让我无以回报，时时令我感到自己是如此幸运。

# 前言

1. "IDC-Facebook Always Connected.pdf," File Shared from Box (accessed Dec. 19, 2013), https://fb-public.app.box.com/s/3iq5x6uwnqtq7ki4q8wk.

2. "Survey Finds One-Third of Americans More Willing to Give Up Sex Than Their Mobile Phones," TeleNav (accessed Dec. 19, 2013), http://www.telenav.com/about/pr-summer-travel/report-20110803.html.

3. Antti Oulasvirta, Tye Rattenbury, Lingyi Ma, and Eeva Raita, "Habits Make Smartphone Use More Pervasive," *Personal and Ubiquitous Computing* 16, no. 1 (Jan. 2012): 105–14, doi:10.1007/s00779-011-0412-2.

4. Dusan Belic, "Tomi Ahonen: Average Users Looks at Their Phone 150 Times a Day!" *IntoMobile* (accessed Dec. 19, 2013), http://www.intomobile.com/2012/02/09/tomi-ahonen-average-users-looks-their-phone-150-times-day.

5. E. Morsella, J. A. Bargh, P. M. Gollwitzer, eds., *Oxford Handbook of Human Action* (New York: Oxford University Press, 2008).

6. For purposes of this book, I use the definition of *habit formation* as the process of learning new behaviors through repetition until they become automatic. I am grateful to Dr. Stephen

Wendel for pointing out the spectrum of habits. For a framework describing other automatic behaviors, see: John A. Bargh, "The Four Horsemen of Automaticity: Awareness, Intention, Efficiency, and Control in Social Cognition." *Handbook of Social Cognition*, vol. 1: *Basic Processes*; vol. 2: *Applications* (2nd ed.), eds. R. S. Wyer and T. K. Srull (Hillsdale, NJ: Lawrence Erlbaum Associates, Inc., 1994), 1–40.

7. Bas Verplanken and Wendy Wood, "Interventions to Break and Create Consumer Habits," *Journal of Public Policy & Marketing* 25, no. 1 (March 2006): 90–103, doi:10.1509/jppm.25.1.90.

8. W. Wood and D. T. Neal, "A New Look at Habits and the Habit-Goal Interface," *Psychological Review* 114, no. 4 (2007): 843–63.

9. "Pinterest," Crunchbase, June 25, 2014. http://www.crunch base.com/organization/pinterest.

10. "What Causes Behavior Change?" B. J. Fogg's Behavior Model (accessed Nov. 12, 2013), http://www.behaviormodel.org.

11. "Robert Sapolsky: Are Humans Just Another Primate?" FORA .tv (accessed Dec. 19, 2013), http://fora.tv/2011/02/15/Robert _Sapolsky_Are_Humans_Just_Another_Primate.

12. Damien Brevers and Xavier Noël, "Pathological Gambling and the Loss of Willpower: A Neurocognitive Perspective," *Socioaffective Neuroscience & Psychology* 3, no. 2 (Sept. 2013), doi:10.3402/ snp.v3i0.21592.

13. Paul Graham, "The Acceleration of Addictiveness," (accessed Nov. 12, 2013), http://www.paulgraham.com/addiction.html.

14. *Night of the Living Dead*, IMDb, (accessed June 25, 2014), http:// www.imdb.com/title/tt0063350.

15. Richard H. Thaler, Cass R. Sunstein, and John P. Balz, "Choice Architecture" (SSRN Scholarly Paper, Rochester, NY), *Social Science Research Network* (April 2, 2010), http://papers.ssrn .com/abstract=1583509.

## 第一章

1. Wendy Wood, Jeffrey M. Quinn, and Deborah A. Kashy, "Habits in Everyday Life: Thought, Emotion, and Action," *Journal of Personality and Social Psychology* 83, no. 6 (Dec. 2002): 1281–97.

2. Henry H. and Barbara J. Knowlton, "The Role of the Basal Ganglia in Habit Formation," *Nature Reviews Neuroscience* 7, no. 6 (June 2006): 464–76, doi:10.1038/nrn1919.

3. A. Dickinson and B. Balleine, "The Role of Learning in the Operation of Motivational Systems," in C. R. Gallistel (ed.), *Stevens' Handbook of Experimental Psychology: Learning, Motivation, and Emotion* (New York: Wiley and Sons, 2002), 497–534.

4. "Notes from 2005 Berkshire Hathaway Annual Meeting," Tilson Funds (accessed Nov. 12, 2013), http://www.tilsonfunds .com/brkmtg05notes.pdf.

5. "Charlie Munger: Turning $2 Million Into $2 Trillion," *Mungerisms* (accessed Nov. 12, 2013), http://mungerisms.blogspot.com/ 2010/04/charlie-munger-turning-2-million-into-2.html.

6. "Candy Crush: So Popular It's Killing King's IPO?" *Yahoo Finance* (accessed Dec. 16, 2013), http://finance.yahoo.com/ blogs/the-exchange/candy-crush-so-popular-it-s-smashing -interest-in-an-ipo-160523940.html.

7. Stephen Shankland "Evernote: 'The Longer You Use It, the More Likely You Are to Pay,'" CNET (accessed Nov. 12, 2013),

http://news.cnet.com/8301-30685_3-57339139-264/evernote -the-longer-you-use-it-the-more-likely-you-are-to-pay.

8. David H. Freedman, "Evernote: 2011 Company of the Year," *Inc.* (accessed Nov. 14, 2013), http://www.inc.com/magazine/ 201112/evernote-2011-company-of-the-year.html.

9. David Skok, "Lessons Learned—Viral Marketing," *For Entrepreneurs* (accessed Nov. 12, 2013), http://www.forentrepre neurs.com/lessons-learnt-viral-marketing.

10. John T. Gourville, "Eager Sellers and Stony Buyers: Understanding the Psychology of New-Product Adoption," *Harvard Business Review* (accessed Nov, 12, 2013), http://hbr.org/product/ eager-sellers-and-stony-buyers-understanding-the-p/an/ R0606F-PDF-ENG.

11. Cecil Adams, "Was the QWERTY Keyboard Purposely Designed to Slow Typists?," *Straight Dope* (Oct. 30, 1981), http:// www.straightdope.com/columns/read/221/was-the-qwerty -keyboard-purposely-designed-to-slow-typists.

12. Mark E. Bouton, "Context and Behavioral Processes in Extinction," *Learning & Memory* 11, no. 5 (Sept. 2004): 485–94, doi:10.1101/lm.78804.

13. Ari P. Kirshenbaum, Darlene M. Olsen, and Warren K. Bickel, "A Quantitative Review of the Ubiquitous Relapse Curve," *Journal of Substance Abuse Treatment* 36, no. 1 (Jan. 2009): 8–17, doi:10.1016/j.jsat.2008.04.001.

14. Robert W. Jeffery, Leonard H. Epstein, G. Terrence Wilson, Adam Drewnowski, Albert J. Stunkard, and Rena R. Wing, "Long-term Maintenance of Weight Loss: Current Status," *Health Psychology* 19, no. 1, (2000): 5–16, doi:10.1037/0278-6133.19.Suppl1.5.

15. Charles Duhigg, *The Power of Habit: Why We Do What We Do in Life and Business* (New York: Random House, 2012), 20.

16. G. Judah, B. Gardner, and R. Aunger, "Forming a Flossing Habit: An Exploratory Study of the Psychological Determinants of Habit Formation," *British Journal of Health Psychology* 18 (2013): 338–53.

17. Matt Wallaert, "Bing Your Brain: Test, Then Test Again," *Bing Blogs* (accessed Dec. 16, 2013), http://www.bing.com/blogs/site_blogs/b/search/archive/2013/02/06/bing-your-brain -test-then-test-again.aspx.

18. "comScore Releases September 2013 U.S. Search Engine Rankings." comScore, Inc. (accessed Nov. 12, 2013), http://www.com score.com/Insights/Press_Releases/2013/10/comScore _Releases_September_2013_US_Search_Engine_Rankings.

19. Amazon Product Ads, Amazon.com (accessed Nov. 12, 2013), http://services.amazon.com/content/product-ads-on-amazon .htm/ref=as_left_pads_apa1#!how-it-works.

20. Valerie Trifts and Gerald Häubl, "Information Availability and Consumer Preference: Can Online Retailers Benefit from Providing Access to Competitor Price Information?," *Journal of Consumer Psychology* 2003, 149–59.

21. Nick Wingfield, "More Retailers at Risk of Amazon 'Showrooming,'" *Bits* blog (accessed Dec. 16, 2013), http://bits.blogs .nytimes.com/2013/02/27/more-retailers-at-risk-of-amazon -showrooming/.

22. Brad Stone, *The Everything Store: Jeff Bezos and the Age of Amazon* (Boston: Little, Brown and Company, 2013).

23. Phillipa Lally, Cornelia H. M. van Jaarsveld, Henry W. W. Potts, and Jane Wardle, "How Are Habits Formed: Modelling Habit Formation in the Real World," *European Journal of Social Psychology* 40, no. 6 (2010): 998–1009, doi:10.1002/ejsp.674.

24. Paul A. Offit, "Don't Take Your Vitamins," *New York Times* (June 8, 2013), http://www.nytimes.com/2013/06/09/opinion/sunday/dont-take-your-vitamins.html.

## 第二章

1. Accessed Nov. 12, 2013, http://instagram.com/press.

2. Somini Perlroth, Nicole Sengupta, and Jenna Wortham, "Instagram Founders Were Helped by Bay Area Connections," *New York Times* (April 13, 2012), http://www.nytimes.com/2012/04/14/technology/instagram-founders-were-helped-by-bay-area-connections.html.

3. "Twitter 'Tried to Buy Instagram before Facebook.'" *Telegraph* (April 16, 2012), http://www.telegraph.co.uk/technology/twitter/9206312/Twitter-tried-to-buy-Instagram-before-Facebook.html.

4. Barry Schwartz, *The Paradox of Choice* (New York: Ecco, 2004).

5. Blake Masters, "Peter Thiel's CS183: Startup—Class 2 Notes Essay," *Blake Masters* (April 6, 2012), http://blakemasters.com/post/20582845717/peter-thiels-cs183-startup-class-2-notes-essay.

6. R. Kotikalapudi, S. Chellappan, F. Montgomery, D. Wunsch, and K. Lutzen, "Associating Internet Usage with Depressive Behavior Among College Students," *IEEE Technology and Society Magazine* 31, no. 4 (2012): 73–80, doi:10.1109/MTS.2012.2225462.

7. Sriram Chellappan and Raghavendra Kotikalapudi, "How Depressed People Use the Internet," *New York Times* (June 15, 2012), http://www.nytimes.com/2012/06/17/opinion/sunday/how-depressed-people-use-the-internet.html.

8. Ryan Tate, "Twitter Founder Reveals Secret Formula for Getting Rich Online," *Wired* (accessed Nov. 12, 2013), http://www.wired.com/business/2013/09/ev-williams-xoxo.

9. Erika Hall, "How the 'Failure' Culture of Startups Is Killing Innovation," *Wired* (accessed Nov. 12, 2013), http://www.wired.com/opinion/2013/09/why-do-research-when-you-can-fail-fast-pivot-and-act-out-other-popular-startup-cliches.

10. "The Power of User Narratives: Jack Dorsey (Square)," video, Entrepreneurial Thought Leaders Lecture (Stanford University, 2011), http://ecorner.stanford.edu/authorMaterialInfo.html?mid=2644.

11. Eric Ries, "What Is Customer Development?," *Startup Lessons Learned* (accessed Nov. 12, 2013), http://www.startuplessonslearned.com/2008/11/what-is-customer-development.html.

12. Rich Crandall, "Empathy Map," the K12 Lab Wiki (accessed Nov. 12, 2013), https://dschool.stanford.edu/groups/k12/wiki/3d994/Empathy_Map.html.

13. Taiichi Ohno, *Toyota Production System: Beyond Large-scale Production* (Portland, OR: Productivity Press, 1988).

14. For more on the need for social belonging, see: Susan T. Fiske, *Social Beings: A Core Motives Approach to Social Psychology* (Hoboken: Wiley, 2010).

## 第三章

1. "What Causes Behavior Change?," B. J. Fogg's Behavior Model (accessed Nov. 12, 2013), http://behaviormodel.org.

2. Edward L. Deci and Richard M. Ryan, "Self-determination Theory: A Macrotheory of Human Motivation, Development, and Health," *Canadian Psychology/Psychologie Canadienne* 49, no. 3 (2008): 182–85, doi:10.1037/a0012801.

3. Barack Obama "Hope" poster, Wikipedia, the Free Encyclopedia, November 5, 2013, http://en.wikipedia.org/w/index .php?title=Barack_Obama_%22Hope%22_poster&oldid= 579742540.

4. Denis J. Hauptly, *Something Really New: Three Simple Steps to Creating Truly Innovative Products* (New York: AMACOM, 2007).

5. Ingrid Lunden, "Analyst: Twitter Passed 500M Users in June 2012, 140M of Them in US; Jakarta 'Biggest Tweeting' City," *TechCrunch* (accessed Nov. 12, 2013), http://techcrunch.com/ 2012/07/30/analyst-twitter-passed-500m-users-in-june-2012 -140m-of-them-in-us-jakarta-biggest-tweeting-city.

6. "What Causes Behavior Change?," B. J. Fogg's Behavior Model (accessed Nov. 12, 2013), http://www.behaviormodel.org.

7. Leena Rao, "Twitter Seeing 90 Million Tweets Per Day, 25 Percent Contain Links," *TechCrunch* (accessed Nov. 12, 2013), http://techcrunch.com/2010/09/14/twitter-seeing-90-million -tweets-per-day.

8. Stephen Worchel, Jerry Lee, and Akanbi Adewole, "Effects of Supply and Demand on Ratings of Object Value," *Journal of*

*Personality and Social Psychology* 32, no. 5 (1975): 906–14, doi:10.1037/0022-3514.32.5.906.

9. Gene Weingarten, "Pearls Before Breakfast," *Washington Post* (April 8, 2007), http://www.washingtonpost.com/wp-dyn/content/article/2007/04/04/AR2007040401721.html.

10. Hilke Plassmann, John O'Doherty, Baba Shiv, and Antonio Rangel, "Marketing Actions Can Modulate Neural Representations of Experienced Pleasantness," *Proceedings of the National Academy of Sciences* 105, no. 3 (Jan. 2008): 1050–54, doi:10.1073/pnas.0706929105.

11. Joseph Nunes and Xavier Dreze, "The Endowed Progress Effect: How Artificial Advancement Increases Effort" (SSRN Scholarly Paper, Rochester, New York), *Social Science Research Network* (accessed Nov. 12, 2013), http://papers.ssrn.com/abstract=991962.

12. "List of Cognitive Biases," Wikipedia, the Free Encyclopedia (accessed November 12, 2013), http://en.wikipedia.org/wiki/List_of_cognitive_biases.

13. Stephen P. Anderson, *Seductive Interaction Design: Creating Playful, Fun, and Effective User Experiences* (Berkeley: New Riders, 2011).

## 第四章

1. J. Olds and P. Milner, "Positive reinforcement produced by electrical stimulation of the septal area and other regions of rat brain," *Journal of Comparative and Physiological Psychology* 47 (1954), 419–27.

2. Brian Knutson, G. Elliott Wimmer, Camelia M. Kuhnen, and Piotr Winkielman, "Nucleus Accumbens Activation Mediates

the Influence of Reward Cues on Financial Risk Taking," *Neuroreport* 19, no. 5 (March 2008): 509–13, doi:10.1097/WNR.0b013e3282f85c01.

3. V. S. Ramachandran, *A Brief Tour of Human Consciousness: From Impostor Poodles to Purple Numbers* (New York: Pi Press, 2004).

4. Mathias Pessiglione, Ben Seymour, Guillaume Flandin, Raymond J. Dolan, and Chris D. Frith, "Dopamine-Dependent Prediction Errors Underpin Reward-Seeking Behaviour in Humans," *Nature* 442, no. 7106 (Aug. 2006): 1042–45, doi:10.1038/nature05051.

5. Charles B. Ferster and B. F. Skinner, *Schedules of Reinforcement* (New York: Appleton-Century-Crofts, 1957).

6. G. S. Berns, S. M. McClure, G. Pagnoni, and P. R. Montague, "Predictability Modulates Human Brain Response to Reward," *Journal of Neuroscience* 21, no. 8 (April 2001): 2793–98.

7. L. Aharon, N. Etcoff, D. Ariely, C. F. Habris, et al., "Beautiful Faces Have Variable Reward Value: fMRI and Behavioral Evidence," *Neuron* 32, no. 3 (Nov. 2001): 537–551.

8. A. Bandura, *Social Foundations of Thought and Action: A Social Cognitive Theory* (Englewood Cliffs, NJ: Prentice Hall, 1986).

9. A. Bandura, *Self-Efficacy: The Exercise of Self-Control* (New York: W. H. Freeman, 1997).

10. "Why Humanizing Players and Developers Is Crucial for *League of Legends*" (accessed Nov. 12, 2013), http://www.gamasutra.com/view/news/36847/Why_Humanizing_Players_And_Developers_Is_Crucial_For_League_of_Legends.php.

11. Christian Nutt, "*League of Legends*: Changing Bad Player Behavior with Neuroscience," Gamasutra (accessed Nov. 12, 2013), http://www.gamasutra.com/view/news/178650/League_of_Legends_Changing_bad_player_behavior_with_neuroscience.php#.URj5SVpdccs.

12. Katharine Milton, "A Hypothesis to Explain the Role of Meat-Eating in Human Evolution," *Evolutionary Anthropology: Issues, News, and Reviews* 8, no. 1 (1999): 11–21, doi:10.1002/(SICI)1520-6505(1999)8:1<11::AID-EVAN6>3.0.CO;2-M.

13. Alok Jha, "Stone Me! Spears Show Early Human Species Was Sharper Than We Thought," *Guardian* (Nov. 15, 2012), http://www.theguardian.com/science/2012/nov/15/stone-spear-early-human-species.

14. Robin McKie, "Humans Hunted for Meat 2 Million Years Ago," *Guardian* (Sept. 22, 2012), http://www.theguardian.com/science/2012/sep/23/human-hunting-evolution-2million-years.

15. Daniel Lieberman, "The Barefoot Professor: By Nature Video" (2010), http://www.youtube.com/watch?v=7jrnj-7YKZE.

16. Gary Rivlin, "Slot Machines for the Young and Active," *New York Times* (Dec. 10, 2007), http://www.nytimes.com/2007/12/10/business/10slots.html.

17. Kara Swisher and Liz Gannes, "Pinterest Does Another Massive Funding—$225 Million at $3.8 Billion Valuation (Confirmed)," *All Things Digital* (accessed Nov. 12, 2013), http://allthingsd.com/20131023/pinterest-does-another-massive-funding-225-million-at-3-8-billion-valuation.

18. B. Zeigarnik, "Uber das Behalten yon erledigten und underledigten Handlungen." *Psychologische Forschung* 9 (1927): 1–85.

19. Edward L. Deci and Richard M. Ryan, "Self-determination Theory: A Macrotheory of Human Motivation, Development, and Health," *Canadian Psychology/Psychologie Canadienne* 49, no. 3 (2008): 182–85, doi:10.1037/a0012801.

20. Alexia Tsotsis and Leena Rao, "Mailbox Cost Dropbox Around $100 Million," *TechCrunch* (accessed Nov. 29, 2013), http://techcrunch.com/2013/03/15/mailbox-cost-dropbox-around-100-million.

21. Quantcast audience profile for mahalo.com (according to Jason Calcanis), Quantcast.com (accessed June 19, 2010), https://www.quantcast.com/mahalo.com.

22. Graham Cluley, "Creepy Quora Erodes Users' Privacy, Reveals What You Have Read," *Naked Security* (accessed Dec. 1, 2013), http://nakedsecurity.sophos.com/2012/08/09/creepy-quora-erodes-users-privacy-reveals-what-you-have-read.

23. Sandra Liu Huang, "Removing Feed Stories About Views," Quora (accessed Nov. 12, 2013), http://www.quora.com/permalink/gG922bywy.

24. Christopher J. Carpenter, "A Meta-analysis of the Effectiveness of the 'But You Are Free' Compliance-Gaining Technique," *Communication Studies* 64, no. 1 (2013): 6–17, doi:10.1080/10510974.2012.727941.

25. Juho Hamari, "Social Aspects Play an Important Role in Gamification," *Gamification Research Network* (accessed Nov. 13, 2013), http://gamification-research.org/2013/07/social-aspects.

26. Josef Adalian, "*Breaking Bad* Returns to Its Biggest Ratings Ever," *Vulture* (accessed Nov. 13, 2013), http://www.vulture.com/2013/08/breaking-bad-returns-to-its-biggest-ratings-ever.html.

27. Mike Janela, "Breaking Bad Cooks up Record-breaking Formula for *Guinness World Records 2014* Edition," *Guinness World Records* (accessed Nov. 13, 2013), http://www.guinnessworldrecords.com/news/2013/9/breaking-bad-cooks-up-record-breaking-formula-for-guinness-world-records-2014-edition-51000.

28. Geoff F. Kaufman and Lisa K. Libby, "Changing Beliefs and Behavior through Experience-Taking," *Journal of Personality and Social Psychology* 103, no. 1 (July 2012): 1–19, doi:10.1037/a0027525.

29. C. J. Arlotta, "*CityVille* Tops *FarmVille*'s Highest Peak of Monthly Users," *SocialTimes* (accessed Nov. 13, 2013), http://socialtimes.com/cityville-tops-farmvilles-highest-peak-of-monthly-users_b33272.

30. Zynga, Inc., Form 10-K Annual Report, 2011 (San Francisco: filed Feb. 28, 2012), http://investor.zynga.com/secfiling.cfm?filingID=1193125-12-85761&CIK=1439404.

31. Luke Karmali, "*Mists of Pandaria* Pushes *Warcraft* Subs over 10 Million," *IGN* (Oct. 4, 2012), http://www.ign.com/articles/2012/10/04/mists-of-pandaria-pushes-warcraft-subs-over-10-million.

## 第五章

1. "Taiwan Teen Dies After Gaming for 40 Hours," *The Australian* (accessed Nov. 13, 2013), http://www.theaustralian.com.au/news/latest-news/taiwan-teen-dies-after-gaming-for-40-hours/story-fn3dxix6-1226428437223.

2. James Gregory Lord, *The Raising of Money: 35 Essentials Trustees Are Using to Make a Difference* (Seattle: New Futures Press, 2010).

3. Robert B. Cialdini, *Influence: The Psychology of Persuasion* (New York: HarperCollins, 2007).

4. Michael I. Norton, Daniel Mochon, and Dan Ariely, *The "IKEA Effect": When Labor Leads to Love* (SSRN Scholarly Paper, Rochester, NY), *Social Science Research Network.* (March 4, 2011), http://papers.ssrn.com/abstract=1777100.

5. J. L. Freedman and S. C. Fraser, "Compliance Without Pressure: The Foot-in-the-Door Technique," *Journal of Personality and Social Psychology* 4, no. 2 (1966): 196–202.

6. "Jesse Schell @ DICE2010 (Part 2)," (2010), http://www.youtube.com/watch?v=pPfaSxU6jyY.

7. B. J. Fogg and C. Nass, "How Users Reciprocate to Computers: An Experiment That Demonstrates Behavior Change," in *Proceedings of CHI* (ACM Press, 1997), 331–32.

8. Jonathan Libov, "On Bloomberg: 'You could code Twitter in a day. Then you'd just need to build the network and infrastructure.' Didn't know it was so easy!," Twitter, @libovness (Nov. 7, 2013), https://twitter.com/libovness/status/398451464907259904.

9. Andrew Min, "First Impressions Matter: 2690 of Apps Downloaded in 2010 were used Just Once," *Localytics* (accessed July 23, 2014), http://www.localytics.com/blog/2011/first-impressions-matter-26-percent-of-apps-downloaded-used-just-once.

10. Peter Farago, "App Engagement: The Matrix Reloaded," *Flurry* (accessed Nov. 13, 2013), http://blog.flurry.com/bid/90743/App-Engagement-The-Matrix-Reloaded.

11. Anthony Ha, "Tinder's Sean Rad Hints at a Future Beyond Dating, Says the App Sees 350M Swipes a Day," *TechCrunch* (accessed Nov. 13, 2013), http://techcrunch.com/2013/10/29/sean-rad-disrupt.

12. Stuart Dredge, "Snapchat: Self-destructing Messaging App Raises $60M in Funding," *Guardian* (June 25, 2013), http://www.theguardian.com/technology/appsblog/2013/jun/25/snapchat-app-self-destructing-messaging.

13. Kara Swisher and Liz Gannes, "Pinterest Does Another Massive Funding—$225 Million at $3.8 Billion Valuation (Confirmed)," *All Things Digital* (accessed Nov. 13, 2013), http://allthingsd.com/20131023/pinterest-does-another-massive-funding-225-million-at-3-8-billion-valuation/.

## 第六章

1. For further thoughts on the morality of designing behavior, see: Richard H. Thaler, Cass R. Sunstein, and John P. Balz, "Choice Architecture" (SSRN Scholarly Paper, Rochester, New York), *Social Science Research Network*, (April 2, 2010), http://papers.ssrn.com/abstract=1583509.

2. Charlie White, "Survey: Cellphones vs. Sex—Which Wins?," *Mashable* (accessed), http://mashable.com/2011/08/03/telenav-cellphone-infographic.

3. Ian Bogost, "The Cigarette of This Century," *Atlantic* (June 6, 2012), http://www.theatlantic.com/technology/archive/2012/06/the-cigarette-of-this-century/258092/.

4. David H. Freedman, "The Perfected Self," *Atlantic* (June 2012), http://www.theatlantic.com/magazine/archive/2012/06/the-perfected-self/308970/.

5. Paul Graham,"The Acceleration of Addictiveness," *Paul Graham* (July 2010; accessed Nov. 12, 2013), http://www.paulgraham.com/addiction.html.

6. Gary Bunker, "The Ethical Line in User Experience Research," *mUmBRELLA* (accessed Nov. 13, 2013), http://mumbrella.com.au/the-ethical-line-in-user-experience-research-163114.

7. Chris Nodder, "How Deceptive Is Your Persuasive Design?" *UX Magazine* (accessed Nov. 13, 2013), https://uxmag.com/articles/how-deceptive-is-your-persuasive-design.

8. "Nurturing Self-help Among Kenyan Farmers," *GSB in Brief* (accessed Dec. 1, 2013), http://www.gsb.stanford.edu/news/bmag/sbsm0911/ss-kenyan.html.

9. David Stewart, *Demystifying Slot Machines and Their Impact in the United States,* American Gaming Association (May 26, 2010), http://www.americangaming.org/sites/default/files/uploads/docs/whitepapers/demystifying_slot_machines_and_their_impact.pdf.

10. Michael Shermer, "How We Opt Out of Overoptimism: Our Habit of Ignoring What Is Real Is a Double-Edged Sword," *Scientific American* (accessed Nov. 13, 2013), http://www.scientificamerican.com/article.cfm?id=opting-out-of-overoptimism.

11. Jason Tanz, "The Curse of Cow Clicker: How a Cheeky Satire Became a Videogame Hit," *Wired,* (accessed Nov. 13, 2013), http://www.wired.com/magazine/2011/12/ff_cowclicker.

12. Ian Bogost, "Cowpocalypse Now: The Cows Have Been Raptured," Bogost.com (accessed Nov. 13, 2013), http://www.bogost.com/blog/cowpocalypse_now.shtml

# 第七章

1. "On Fifth Anniversary of Apple iTunes Store, YouVersion Bible App Reaches 100 Million Downloads: First-Ever Survey Shows How App Is Truly Changing Bible Engagement," *PRWeb* (July 8, 2013), http://www.prweb.com/releases/2013/7/prweb10905595 .htm.

2. Alexia Tsotsis, "Snapchat Snaps Up a $80M Series B Led by IVP at an $800M Valuation," *TechCrunch* (accessed Nov. 13, 2013), http://techcrunch.com/2013/06/22/source-snapchat-snaps -up-80m-from-ivp-at-a-800m-valuation.

3. YouVersion infographics (accessed Nov. 13, 2013), http://blog .youversion.com/wp-content/uploads/2013/07/themobile bible1.jpg.

4. Henry Alford, "If I Do Humblebrag So Myself," *New York Times* (Nov. 30, 2012), http://www.nytimes.com/2012/12/02/fashion/ bah-humblebrag-the-unfortunate-rise-of-false-humility.html.

5. Diana I. Tamir and Jason P. Mitchell, "Disclosing Information About the Self Is Intrinsically Rewarding," *Proceedings of the National Academy of Sciences* (May 7, 2012): 201202129, doi:10.1073/ pnas.1202129109.

# 第八章

1. Mattan Griffel, "Discovering Your Aha! Moment," *GrowHack* (Dec. 4, 2012), http://www.growhack.com/2012/12/04/discov ering-your-aha-moment.

2. Paul Graham, "Schlep Blindness," *Paul Graham* (Jan. 2012), http://paulgraham.com/schlep.html.

3. Joel Gascoigne, "Buffer October Update: $2,388,000 Annual Revenue Run Rate, 1,123,000 Users," Buffer (Nov. 7, 2013), http://open.bufferapp.com/buffer-october-update-2388000 -run-rate-1123000-users.

4. Tessa Miller, "I'm Joel Gascoigne, and This Is the Story Behind Buffer," *Life Hacker* (accessed Nov. 13, 2013), http://www.life hacker.co.in/technology/Im-Joel-Gascoigne-and-This-Is-the -Story-Behind-Buffer.

5. Nancy Martha West, *Kodak and the Lens of Nostalgia* (Charlot-tesville: The University Press of Virginia, 2000).

6. G. Cosier and P. M. Hughes, "The Problem with Disruption," *BT Technology* 19, no. 4 (Oct. 2001): 9.

7. Clifford A. Pickover, *Time: A Traveler's Guide* (New York: Oxford University Press, 1998).

8. Clifford Stoll, "The Internet? Bah!" *Newsweek* (Feb. 27, 1995), http://www.english.illinois.edu/-people-/faculty/debaron/ 582/582%20readings/stoll.pdf.

9. Mike Maples Jr., "Technology Waves and the Hypernet," *Roger and Mike's Hypernet Blog* (accessed Nov. 13, 2013), http://roger andmike.com/post/14629058018/technology-waves-and-the -hypernet.

10. Paul Graham, "How to Get Startup Ideas." *Paul Graham* (Nov. 2012), http://paulgraham.com/startupideas.html.